互联网+珠宝系列教材
珠宝职业资格培训系列教材
宝石切磨大赛培训教材

宝石琢型设计及加工技术

BAOSHI ZHUOXING SHEJI JI JIAGONG JISHU

主　编：陈炳忠
副主编：刘明德　磨鸿燕　李东英

图书在版编目(CIP)数据

宝石琢型设计及加工技术/陈炳忠主编. —武汉:中国地质大学出版社,2020.10(2024.9重印)

ISBN 978-7-5625-4873-7

Ⅰ.①宝…　Ⅱ.①陈…　Ⅲ.①宝石-设计　②宝石-加工　Ⅳ.①TS 933.3

中国版本图书馆 CIP 数据核字(2020)第 188974 号

宝石琢型设计及加工技术			陈炳忠　主编
责任编辑:张旻玥　张　琰	选题策划:张　琰		责任校对:张咏梅
出版发行:中国地质大学出版社(武汉市洪山区鲁磨路388号)			邮编:430074
电　　话:(027)67883511	传　　真:(027)67883580		E-mail:cbb@cug.edu.cn
经　　销:全国新华书店			http://cugp.cug.edu.cn
开本:787 毫米×1092 毫米　1/16		字数:304 千字	印张:12.5
版次:2020 年 10 月第 1 版		印次:2024 年 9 月第 4 次印刷	
印刷:武汉中远印务有限公司			
ISBN 978-7-5625-4873-7			定价:68.00 元

如有印装质量问题请与印刷厂联系调换

珠宝职业资格培训系列教材
宝石切磨大赛培训教材
编委会

主任委员：任　敏　　　深圳市博伦职业技术学校校长
副 主 任：刘江毅　　　中国轻工珠宝首饰中心主任
　　　　　林旭东　　　中国轻工珠宝首饰中心副主任
　　　　　谢昭华　　　中国轻工珠宝首饰中心副主任
　　　　　高　朴　　　中国轻工珠宝首饰中心副主任
　　　　　余若海　　　深圳市博伦职业技术学校副校长
委　　员：陈炳忠　　　梧州学院宝石与艺术设计学院高级工程师
　　　　　李勋贵　　　深圳技师学院珠宝学院院长
　　　　　胡楚雁　　　深圳职业技术学院副教授
　　　　　王　昶　　　广州番禺职业技术学院珠宝学院院长
　　　　　王友兵　　　深圳市博伦职业技术学校珠宝部部长
　　　　　蔡善武　　　深圳市博伦职业技术学校教研室主任

执行编委

主　　编：陈炳忠
副 主 编：刘明德　　磨鸿燕　　李东英
参编老师：许国蘷　　张雯文　　周　旭
特约编委：覃清林　　　梧州市展灏珠宝有限公司董事长
　　　　　练　锻　　　梧州市珠宝研究所副所长
　　　　　李东英　　　梧州市传潮珠宝有限公司技术经理
　　　　　覃斌荣　　　广东晶宝莱珠宝有限公司经理
　　　　　高保熊　　　四会市知韵玉雕工作室经理
　　　　　杨二喜　　　深圳市尼罗河珠宝有限公司经理
　　　　　徐亚兰　　　梧州学院讲师
　　　　　邓延一凡　　深圳市宜缘居传统文化艺术有限公司副总经理
　　　　　陈贤球　　　桂林石贤居矿物有限公司经理
　　　　　马石坚　　　深圳市安斯特珠宝有限公司设计师

序

  党的十九大明确提出要"完善职业教育和培训体系",在职业院校启动"学历证书+若干技能等级证书"工作,围绕国家需要、市场需求提升职业教育质量和学生就业能力。目前,国内最大的珠宝首饰产业群集中在珠三角,深圳市博伦职业技术学校、深圳市珠宝学校、中国轻工珠宝首饰中心利用本地优势,组织高校专家、珠宝首饰企业行家及本校专业教师共同编写《宝石琢型设计及加工技术》教材,以促进珠宝首饰行业教材建设和师资队伍建设,为地方产业培养更多的实用型人才。教材编写参照国家"宝石琢磨工"技术等级标准、行业标准并结合企业生产规范编写,编委会主要成员具有二十多年的企业生产实践经验和十多年的实际教学经验,拥有目前国内最前沿的宝石加工工艺与技术,以及国内最先进的宝石加工设备。本书紧密结合职业院校职业资格证书相关考核要求,教材内容图文并茂、通俗易懂、实用性强,并附有教学视频和企业生产视频二维码,采用现代化的教学方式为更多优秀技能人才脱颖而出搭建平台。

深圳市博伦职业技术学校校长

2020 年 8 月

前 言

为了适应我国珠宝产业发展形势，满足珠宝院校和广大社会人士系统学习宝石琢磨方面知识和职业技能的迫切需求，参照国家职业教育和技术等级标准、职业资格证书中相关考核要求，结合目前宝石加工行业的特点、企业生产工艺的实际情况，深圳市博伦职业技术学校、深圳市珠宝学校、中国轻工珠宝首饰中心组织编写了《宝石琢型设计及加工技术》一书。

在编写过程中，编者以深圳珠宝产业、梧州市人工宝石产业三十多年的生产经验和多年的教学经验，汇集了当前国内宝石加工的高端技术，以及应掌握的宝石加工基本技能。为适应职业技能教学和企业对宝石加工技能等级的评定，参考国家"宝石琢磨工"职业标准，本书对宝石加工应知应会的知识和技能水平进行划分，分为初级工、中级工和高级工，有效对接职业标准和企业用人要求。

随着科学技术的不断发展，业界对宝石琢型的加工机理研究有了新的认识，加工技术有了很大的进步和改善。本书对宝石加工的生产工艺、加工设备及工具的操作要点作了详细的描述，反映了行业的新技术、先进的工艺流程及新的加工方法。全书共分九章，每一章中采用图文解说、视频教学与动画的形式对宝石的加工技术及加工工艺进行详细、直观的讲解，并对宝石加工工序使用的设备作了介绍，为设备和技术改造提供了基础，使学员更容易掌握宝石加工的工艺流程及技能。

本书通俗易懂，实用性强，贴近企业工作过程。每一章结尾配有企业生产视频，以适应技能型人才培养及技能提升。既可作为从事宝石加工的社会人士和珠宝院校学生的教材，也可作为"宝石琢磨工"考级的参考用书。

本书在编写过程中参考了相关资料，在收集材料过程中得到相关企业的大力支持，在此向相关参与人员表示谢意！

由于时间仓促和水平有限，不足之处在所难免，恳请行业人士提出宝贵意见和建议。

编者
2020 年 5 月

目 录

第一章 宝石学与加工基础 ……………………………………………………… (1)
  第一节 宝石的基本概念 …………………………………………………… (1)
  第二节 宝石的地质基础 …………………………………………………… (3)
  第三节 宝石矿物的结晶学基础 …………………………………………… (5)
  第四节 宝石的化学成分 …………………………………………………… (10)
  第五节 宝石的物理性质 …………………………………………………… (14)
  第六节 宝石的检测仪器 …………………………………………………… (24)

第二章 宝石琢型设计基础 ……………………………………………………… (39)
  第一节 国家制图标准介绍 ………………………………………………… (39)
  第二节 绘图工具的用法 …………………………………………………… (44)
  第三节 宝石设计常用的几何作图 ………………………………………… (47)
  第四节 宝石加工常见的腰围画法 ………………………………………… (54)
  第五节 宝石的角度及比例设计 …………………………………………… (66)
  第六节 刻面宝石琢型设计 ………………………………………………… (69)

第三章 宝石加工常用磨料及磨具 ……………………………………………… (76)
  第一节 宝石加工常用磨料 ………………………………………………… (76)
  第二节 宝石加工常用磨料的作用 ………………………………………… (79)
  第三节 宝石加工常用磨具 ………………………………………………… (80)
  第四节 宝石加工常用磨具的设计 ………………………………………… (88)

第四章 宝石材料的切割 ………………………………………………………… (89)
  第一节 金刚石锯片切割原理 ……………………………………………… (89)
  第二节 天然宝石材料切割技术 …………………………………………… (91)
  第三节 常用的宝石切割设备 ……………………………………………… (93)
  第四节 宝石材料切割锯片的品种与选择 ………………………………… (95)
  第五节 宝石切割工艺及技术 ……………………………………………… (96)
  第六节 宝石切割尺寸计算 ………………………………………………… (99)
  第七节 宝石加工常用测量工具 …………………………………………… (100)

第八节　企业宝石切割生产实例 …………………………………………………… (103)

第五章　宝石石坯定型
　第一节　宝石石坯定型原理及定型方法 …………………………………………… (105)
　第二节　宝石石坯定型质量要求 …………………………………………………… (106)
　第三节　单粒宝石石坯定型工艺及设备 …………………………………………… (107)
　第四节　常见宝石坯型生产实例 …………………………………………………… (112)
　第五节　大批量生产宝石石坯设备 ………………………………………………… (116)
　第六节　企业生产宝石石坯实例 …………………………………………………… (118)
　第七节　宝石石坯生产成本核算 …………………………………………………… (120)

第六章　宝石坯料上杆粘接
　第一节　宝石坯料上杆粘接常用材料 ……………………………………………… (122)
　第二节　宝石粘接常用工具 ………………………………………………………… (125)
　第三节　宝石粘、反石质量分析 …………………………………………………… (128)

第七章　刻面宝石刻磨抛光
　第一节　超硬材料的加工机理 ……………………………………………………… (132)
　第二节　固定磨料与散粒磨料的磨削特点 ………………………………………… (133)
　第三节　宝石加工效率分析 ………………………………………………………… (134)
　第四节　刻面宝石加工设备及工具 ………………………………………………… (135)
　第五节　宝石刻磨实例 ……………………………………………………………… (142)
　第六节　宝石加工中的辅助材料 …………………………………………………… (146)
　第七节　千禧工宝石的刻磨 ………………………………………………………… (146)
　第八节　工厂生产实例 ……………………………………………………………… (148)

第八章　弧面型、珠型宝石的加工
　第一节　弧面型宝石的品种 ………………………………………………………… (149)
　第二节　弧面型宝石的加工 ………………………………………………………… (151)
　第三节　珠型宝石内孔抛光技术 …………………………………………………… (154)

第九章　宝石加工的质量分析
　第一节　刻面宝石加工常见的产品缺陷及成因 …………………………………… (155)
　第二节　宝石质量检验 ……………………………………………………………… (163)
　第三节　宝石清洗 …………………………………………………………………… (166)

附录1　中国技能大赛全国宝石琢磨百花工匠职业技能竞赛试题及答案 ………… (168)

附录2　珠宝玉石的定名规则 ………………………………………………………… (185)

主要参考文献 …………………………………………………………………………… (190)

第一章　宝石学与加工基础

技能要求

【初级工】1.区分宝石的概念；2.学习结晶学；3.掌握宝石的力学性质；4.辨别宝石和仿宝石材料；5.使用宝石检测工具。

【中级工】1.熟记宝石矿产资源分布；2.运用宝石结晶学；3.掌握宝石的光学性质；4.区分常见宝石材料；5.使用宝石常规检测仪器。

【高级工】1.掌握宝石的特殊光学效应原理及其他性质；2.掌握晶体的对称分类；3.区别原石晶形；4.区分常见宝石材料；5.使用大型检测仪器。

第一节　宝石的基本概念

珠宝玉石是指具有美丽、耐久、稀少特征，可制作成首饰或工艺品的材料，包括天然珠宝玉石和人工珠宝玉石，可简称宝石(广义)。珠宝玉石的分类如表1-1所示。

表1-1　珠宝玉石的分类

珠宝玉石(宝石)	天然珠宝玉石	天然宝石
		天然玉石
		天然有机宝石
	人工珠宝玉石	合成宝石
		人造宝石
		拼合宝石
		再造宝石

天然珠宝玉石是指自然界产出的，具有美丽、持久、稀少特点的首饰或工艺品，包括天然宝石、天然玉石及天然有机宝石。其中，天然宝石(简称宝石，狭义)为矿物单晶体或双晶，如钻石、蓝宝石(图1-1)及祖母绿等。天然玉石(简称玉石)为矿物集合体或非晶体，如翡翠、和田玉、玛瑙(图1-2)等。天然有机宝石(简称有机宝石)是自然界生物生成的，部分或全部为有机质的首饰材料，如珍珠、珊瑚及琥珀(图1-3)等。

人工宝石是指部分或完全由人工生产或制造的用作首饰或工艺品的材料（金属除外），包括合成宝石、人造宝石、拼合宝石及再造宝石。合成宝石指由人工生产的，自然界中有已知对应物的宝石材料，其物理性质及化学成分与其天然对应物基本一致，如合成红宝石、合成祖母绿（图1-4）及合成立方氧化锆（图1-5）等。人造宝石指由人工生产的，自然界中无相应对应物的宝石材料，如人造钛酸锶、玻璃等。拼合宝石指由人工参与，将两块或两块以上的宝石材料拼合而成给人以整体印象的宝石材料，常见的如拼合欧泊（图1-6）、拼合祖母绿等。再造宝石指由人工参与，将宝石碎块或碎屑重新熔融、压结成具有整体外观的宝石材料，如再造琥珀、再造绿松石等。

图1-1　天然蓝宝石晶体及其围岩　　　　图1-2　玛瑙原石

图1-3　琥珀原石

图1-4　合成祖母绿（左）与天然祖母绿（右）

第一章 宝石学与加工基础

图 1-5　合成立方氧化锆晶体　　　　图 1-6　拼合欧泊

第二节　宝石的地质基础

一、三大岩石与宝石产出

矿物是由地质作用形成的,具有一定化学成分和内部结构,在一定条件下相对稳定的天然单质或化合物。岩石是由地质作用形成的,具有一定结构、构造的矿物或非晶质集合体。岩石根据成因可分为三大类:岩浆岩、沉积岩和变质岩。常见宝石的地质成因如表1-2所示。

目前,地球上发现的矿物有4000多种,可用作宝石的矿物仅200多种,如图1-7所示。其中,具有美丽、耐久、稀少特征的矿物可用作宝石,质地细腻、外观优美的部分岩石可用作玉石(图1-8～图1-10)。一般来说,宝石主要设计成刻面型以体现其亮度和火彩,玉石主要设计成弧面型以体现其颜色及温润的外观,如图1-11、图1-12所示。

表 1-2　常见宝石的地质成因

岩石类型	出产宝石名称
岩浆岩	钻石、红宝石、蓝宝石、黄玉、尖晶石、祖母绿、海蓝宝石、石榴石、橄榄石、水晶、黑曜岩等
变质岩	翡翠、石榴石、红宝石、蓝宝石、硅化木等
沉积岩	欧泊、玉髓、绿松石、孔雀石、玛瑙等

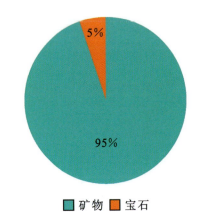
图1-7 天然宝石与矿物的比例关系

图1-8 海蓝宝石晶体

图1-9 普通岩石(正长岩)

图1-10 岫玉原石

图1-11 宝石多加工成刻面型

图1-12 玉石多加工成弧面型

二、常见宝石产地

世界五大名贵宝石是钻石、红宝石、蓝宝石、祖母绿及金绿宝石。商业上把钻石之外的宝石统称为彩色宝石或有色宝石。

世界五大钻石产地为俄罗斯、澳大利亚、南非、刚果、博茨瓦纳。世界五大彩色宝石产地为缅甸、泰国、斯里兰卡、马达加斯加、巴西。缅甸、莫桑比克是红宝石的主要商业产地,泰国、斯里兰卡、越南、阿富汗、俄罗斯、巴基斯坦、坦桑尼亚、澳大利亚、柬埔寨、马达加斯加等均有产出。蓝宝石的主要产地有斯里兰卡、泰国、澳大利亚、中国、印度、柬埔寨、越南、美国等。哥伦比亚、赞比亚是祖母绿的主要产地,巴西、津巴布韦、俄罗斯、印度、加拿大等亦有产出。猫眼和变石的主要产地有巴西、斯里兰卡,另有印度、马达加斯加、津巴布韦、赞比亚、缅甸等。

高档玉石包括翡翠及和田玉。目前唯一商业级别的翡翠产地是缅甸,占市场的95%以上,近几年危地马拉的翡翠也进入市场。和田玉的产地较多,国内的主要产地有新疆、青海、辽宁、台湾等,国外有俄罗斯、韩国、澳大利亚、加拿大、新西兰等。

三、主要宝石交易市场

在国际上,宝石原料一级市场主要有马达加斯加、斯里兰卡等,二级市场有泰国、印度、肯尼亚及中国香港等。其中,泰国主要有曼谷和尖竹汶两个宝石市场,曼谷以裸石、成品为主,尖竹汶有许多宝石加工厂,以裸石、成品及原料市场为主,泰国的宝石市场品种较齐全;印度的斋浦尔是祖母绿的加工与集散地,主要以祖母绿的裸石、成品为主;肯尼亚是新兴的宝石原料集散地,以中档宝石为主,如碧玺、海蓝宝石、石榴石等;中国香港主要以中低档的珠子料为主。

目前,我国内地没有形成专业的戒面精料市场,广东省海丰县可塘镇有以低档宝石为主的原料交易市场及宝石加工厂,主要为低档的碧玺、石榴石及水晶等。

第三节 宝石矿物的结晶学基础

一、晶体与非晶体

晶体是指具有格子构造的固体,其内部质点呈有规律的排列,且在三维空间作周期性的重复,外部形成一定的几何形态,如石榴石、祖母绿、水晶等。晶体具有六大基本性质。

(1)自限性:晶体在一定条件下可自发地生长成几何多面体,如图1-13、图1-14所示。

(2)均一性:晶体各部分的物理化学性质是相同的。

(3)对称性:晶体在其内部质点排列与外部特征上都存在对称性与规律性。

(4)各向异性:随着晶体上方向的不同,某些物理性质也会有所不同,如差异硬度。

(5)最小内能性:在一定条件下,与同种成分物质的非晶质体、液体、气体相比,晶体具有最小内能。

(6)稳定性:因具有最小内能性,与同种成分物质的非晶质体、液体、气体相比,晶体稳定性最高。

非晶体(图1-15、图1-16)是指不具有格子构造的固体,其内部质点不作规律排列,因此在宏观上表现为无规则、无面平棱直的几何外形。

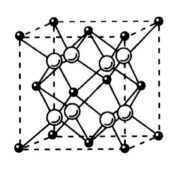 

图 1-13 萤石晶体结构具格子构造　　图 1-14 萤石晶体具几何外形

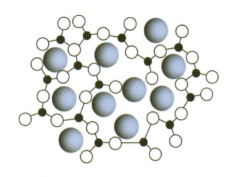 

图 1-15 非晶体结构不具格子构造　　图 1-16 欧泊无几何外形

二、晶体的分类

根据晶体对称性的特点,可以把晶体划分成三大晶族、七大晶系,如表 1-3 所示。

表 1-3 晶体的分类

晶族	晶系	宝石
高级晶族	等轴晶系	钻石、石榴石、尖晶石、萤石及方钠石等
中级晶族	六方晶系	磷灰石、绿柱石及蓝锥矿等
	三方晶系	蓝宝石、红宝石、电气石、石英及菱锰矿等
	四方晶系	锆石、金红石、锡石、方柱石及符山石等
低级晶族	斜方晶系	橄榄石、黄玉、黝帘石、堇青石、金绿宝石、红柱石、柱晶石及赛黄晶等
	单斜晶系	翡翠(硬玉)、透辉石、软玉(透闪石)、孔雀石、正长石及锂辉石等
	三斜晶系	斜长石、绿松石、蔷薇辉石及斧石等

三、晶体的定向与结晶习性

1. 晶体的定向与晶体常数

晶体定向就是在晶体中确定一个坐标系统,选择坐标轴(又称晶轴)并确定各晶轴上单位长(轴长)之比(轴率)。晶轴是指交于晶体中心的三条直线,它们分别为 X 轴、Y 轴和 Z 轴(或用 a 轴、b 轴、c 轴表示)。三方和六方晶系要增加一个 u 轴,其前端为负,后方为正。

轴角指晶轴正端之间的夹角,分别以 $\alpha(Y\hat{}Z)$、$\beta(Z\hat{}X)$、$\gamma(X\hat{}Y)$ 表示;轴率是根据几何结晶学的方法确定出轴长之间的比率:$a:b:c$。轴率 $a:b:c$ 和轴角 α、β、γ 合称为晶体常数。

2. 晶体的结晶习性

结晶习性指宝石矿物通常呈现的晶体形态及晶体在三维空间延伸的比例,七大晶系晶体定向与常见宝石矿物的结晶习性如表 1-4 所示。在理想条件下,宝石矿物可按内部质点的规则排列生长成理想的晶体,但大多情况下,因地质活动使宝石矿物生长环境不稳定,导致其常生长为歪晶。矿物集合体(玉石)一般不表现出规则的几何外形,而多呈不规则的块状,如翡翠、玛瑙等。

设计宝石琢型时应结合宝石晶体的结晶习性,最大程度地保留质量。如红宝石常为桶状、短柱状,多设计为椭圆形、水滴形等;祖母绿、碧玺多为长柱状,常设计为矩形的阶梯式琢型;石榴石为粒状晶体,所以多设计为圆形、心形、椭圆形等。

表 1-4 七大晶系晶体定向与常见宝石矿物的结晶习性

晶族	晶系	晶体定向示意图	晶体常数	常见宝石矿物示例	
				结晶习性	宝石矿物图
高级晶族	等轴晶系		$a=b=c$; $\alpha=\beta=\gamma=90°$	尖晶石	常呈八面体、八面体与菱形十二面体的聚形、八面体与立方体的聚形,或八面体接触双晶
				石榴石	常呈菱形十二面体、四角三八面体及两者的聚形,晶面可见生长纹

续表 1-4

晶族	晶系	晶体定向示意图	晶体常数	常见宝石矿物示例	
				结晶习性	宝石矿物图
中级晶族	六方晶系		$a=b\neq c$; $\alpha=\beta=90°$, $\gamma=120°$	绿柱石	常呈六方柱状,柱面发育纵纹或矩形凹坑
				刚玉	常呈柱状、桶状或板状,横截面为六边形,柱面发育横纹
	三方晶系		$a=b\neq c$; $\alpha=\beta=90°$, $\gamma=120°$	碧玺	常呈柱状,横截面为圆三角形,发育有纵纹
				水晶	常呈棱柱状、六方柱状,或呈晶簇出现,菱面体或三方双锥发育,柱面发育明显的横纹
	四方晶系		$a=b\neq c$; $\alpha=\beta=\gamma=90°$	锆石	常呈短柱状、锥状,或柱状与锥状聚形

续表 1-4

晶族	晶系	晶体定向示意图	晶体常数	常见宝石矿物示例	
				结晶习性	宝石矿物图
低级晶族	斜方晶系		$a \neq b \neq c$; $\alpha = \beta = \gamma = 90°$	金绿宝石	常呈板状、短柱状或轮式双晶（假六方三连晶），底面发育条纹
				橄榄石	常呈短柱状,发育纵纹
				黄玉 (托帕石)	常呈斜方柱状,发育纵纹
				黝帘石 (坦桑石)	常呈柱状或板柱状
	单斜晶系		$a \neq b \neq c$; $\alpha = \gamma = 90°$, $\beta \neq 90°$	锂辉石、透辉石、翡翠（硬玉）	常呈斜方柱状
	三斜晶系		$a \neq b \neq c$; $\alpha \neq \beta \neq \gamma \neq 90°$	绿松石、斧石、日光石、蓝晶石	平行双面

第四节　宝石的化学成分

一、宝石的化学分类

宝石矿物可根据化学成分分为化合物及单质两大类,化合物可细分为氧化物类与含氧盐类(硅酸盐类、磷酸盐类及碳酸盐类等),常见宝石的化学成分及分类如表1-5所示。

表1-5　常见宝石的化学成分及分类

类别			宝石	化学成分
单质类			金刚石(钻石)	C,可含 N、B、H 等微量元素
化合物类	氧化物类		刚玉(红宝石、蓝宝石)	Al_2O_3,可含 Fe、Ti、Cr、V 等微量元素
			金绿宝石(猫眼、变石、普通金绿宝石等)	$BeAl_2O_4$,可含 Fe、Cr、Ti 等微量元素
			尖晶石	$MgAl_2O_4$,可含 Cr、Fe、Zn 等微量元素
			石英(水晶)	SiO_2,可含 Ti、Fe、Al 等微量元素(部分书籍划分为硅酸盐)
	含氧盐类	硅酸盐类	绿柱石(祖母绿、海蓝宝石、摩根石等)	$Be_3Al_2Si_6O_{18}$,可含 Cr、V、Fe、Ti 等微量元素
			电气石(碧玺)	$(Na,K,Ca)(Al,Fe,Li,Mg,Mn)_3(Al,Cr,Fe,V)_6(BO_3)_3(Si_6O_{18})(OH,F)_4$
			锆石	$ZrSiO_4$,可含 U、Th 等微量元素
			石榴石	$A_3B_2(SiO_4)_3$,A 为 Ca^{2+}、Mg^{2+}、Fe^{2+}、Mn^{2+} 等;B 为 Al^{3+}、Fe^{3+}、Ti^{3+}、Cr^{3+} 等
			橄榄石	$(Mg,Fe)_2[SiO_4]$
			托帕石	$Al_2SiO_4(F,OH)_2$,可含 Cr、Li、Be 等微量元素
			黝帘石(坦桑石)	$Ca_2Al_3(SiO_4)_3(OH)$,可含 V、Cr、Mn 等微量元素
			翡翠	$NaAlSi_2O_6$,可含 Cr、Fe、Ca 等微量元素
		磷酸盐类	绿松石	$CuAl_6(PO_4)_4(OH)_8 \cdot 5H_2O$
		碳酸盐类	孔雀石	$Cu_2CO_3(OH)_2$

宝石矿物的化学成分可分为主要化学成分和微量化学成分。主要化学成分能保持一个宝石矿物的结构，在其主要结构不变的情况下，宝石矿物的微量元素可有小范围的变化，导致其折射率、相对密度等物理性质会有一定范围内的变化，微量元素的变化也会使宝石形成不同的颜色、色带等。如刚玉主要成分为 Al_2O_3，当刚玉基本不含微量元素时呈无色；当刚玉含微量 Cr^{3+} 时呈红色（达到宝石级者可称为红宝石）；当刚玉含微量 Fe^{2+} 和 Ti^{4+} 时呈蓝色（达到宝石级者可称为蓝宝石）；当刚玉含微量 Fe^{3+} 时呈黄色（达到宝石级者可称为黄色蓝宝石）。绿柱石刚玉主要成分为 $Be_3Al_2Si_6O_{18}$，当绿柱石基本不含微量元素时呈无色；当绿柱石含微量 Cr^{3+} 时呈绿色（达到宝石级者可称为祖母绿）；当绿柱石含微量 Fe^{2+} 时呈蓝色（达到宝石级者可称为海蓝宝石）。这类由微量元素所致色的宝石称为他色宝石，他色宝石一般有丰富的颜色品种。如橄榄石主要成分为 $(Mg,Fe)_2[SiO_4]$，其中 Fe^{2+} 使橄榄树呈黄绿色，这类由主要元素所致色的宝石称为自色宝石，自色宝石一般有单一的颜色品种。

宝石矿物的化学组成及结构会影响宝石的耐久性。一般来说，硅酸盐类及氧化物类矿物耐久性较高，如石榴石、金绿宝石；碳酸盐类矿物易与酸反应，因而耐久性较差，如孔雀石，因此加工及保存过程中应注意避免与酸接触。含水的宝石矿物在加工过程中应注意避免温度过高而导致宝石失水，如绿松石（$CuAl_6(PO_4)_4(OH)_8 \cdot 5H_2O$）含有结晶水（$H_2O$）与结构水（$OH^-$），当温度达到 100～200℃时结晶水会逸出，当温度达到 600～1000℃时结构水会逸出，均会导致绿松石结构不可逆转地被破坏，类似的有碧玺（OH^-）、坦桑石（OH^-）等。

二、宝石的包裹体及分类

宝石包裹体的概念有广义和狭义之分。狭义的宝石包裹体是指宝石生长过程中被包裹在晶体缺陷内的其他矿物成分。广义的宝石包裹体是指影响宝石矿物整体均一性的所有特征，即除狭义包裹体外，还包括宝石的结构和物理特征的差异，如色带、双晶和解理等。宝石包裹体可根据相态和形成时间分类。

1. **按相态分类**

宝石包裹体根据相态可分为固态包裹体、液态包裹体、气态包裹体。

1) 固态包裹体

固态包裹体是指在宝石中以固体形式存在的包裹体。固态包裹体可以先于宝石形成，也可以与宝石一同形成。例如水晶的金红石针状包裹体（图1-17）。

2) 液态包裹体

液态包裹体指在宝石中以液态形式存在的包裹体，主要成分为水（图1-18）。

3) 气态包裹体

气态包裹体指在宝石中以气体形式存在的包裹体。例如琥珀、玻璃中常见的气泡（图1-19）。

4) 多相包裹体

多相包裹体指宝石中的包裹体以多种相态形式存在，包括固-液两相包裹体、气-液两相包裹体、固-液-气三相包裹体等（图1-20，图1-21）。

图 1-17　水晶的金红石针状包裹体

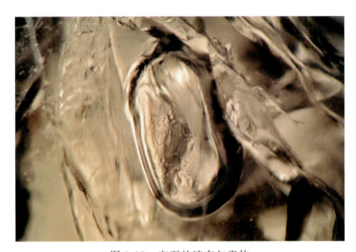

图 1-18　宝石的液态包裹体

图 1-19　天然玻璃中的气泡

图 1-20　固-液-气三相包裹体

图 1-21　气-液两相包裹体

2.按形成时间分类

宝石包裹体根据形成时间可分为原生包裹体、同生包裹体、后生包裹体。

1)原生包裹体

原生包裹体是在宝石晶体形成之前形成的包裹体。这类包裹体为固态包裹体,与宝石可以为同样物质,也可以为不同物质。

2)同生包裹体

同生包裹体指包裹体与宝石晶体同时形成,可以是固态、液态、气态中的任意一种。

3)后生包裹体

后生包裹体也称为次生包裹体,在宝石晶体形成之后形成。如橄榄石的睡莲叶状包裹体是受到应力作用形成的。

3. 常见宝石包裹体

研究宝石包裹体是鉴定宝石品种、区分天然与合成宝石、判断宝石是否经过优化处理、研究宝石产地的最佳方法之一。如缅甸红宝石常含丰富的金红石针包裹体；哥伦比亚祖母绿常包含气-液-固三相包裹体；海蓝宝石可有雨丝状包裹体；橄榄石含特征的睡莲叶状包裹体；焰熔法合成红宝石常有弧形生长纹、气泡及粉末；翡翠若经过充胶、染色，则会出现酸蚀纹、颜色呈丝网状分布等特征。

在宝石加工之前，应全面观察宝石的内外部特征，如包裹体分布、生长纹及裂隙等，一般来说，对宝石进行定位时尽量避免宝石的缺陷，提高宝石的出成率及品质。特殊情况下，某些宝石品种需要将包裹体保留下来，如翠榴石，当台面显示出完整的马尾状包裹体时，翠榴石的价值会大大提高。另外，净度高的宝石多设计为刻面型，净度低、透明度低、裂隙发育的宝石多设计为弧面型。

第五节 宝石的物理性质

一、宝石的力学性质

1. 解理

解理是宝石矿物受到外力作用后沿其晶体结构裂开成光滑平面的性质，这些光滑平面称为解理面。宝石的解理根据解理面的光滑程度分为五级：极完全解理、完全解理、中等解理、不完全解理和极不完全解理。

极完全解理表现为宝石在外力作用下极易裂开，解理面完整、平滑，如云母、石墨等（图1-22）。完全解理表现为宝石在外力作用下易裂开成平面，解理面较完整、平滑，如萤石、方解石等（图1-23）。中等解理表现为宝石在外力作用下能裂开成平面，解理面显著但不够平滑，如长石等（图1-24）。不完全理解表现为宝石在外力作用下不易裂成平面，仅断续可见小而不平滑的解理面，如橄榄石等。极不完全解理也称无解理，指宝石在外力作用下极难裂开成平面，如石英等（图1-25）。

图1-22 云母的极完全解理

图1-23 方解石的完全解理

图 1-24　长石的中等解理　　　　图 1-25　石英的极不完全解理

当宝石解理发育时,可沿解理方向劈开宝石,如萤石的八面体完全解理。因抛光时解理方向会不断产生解理,导致刻面抛不亮,因此设计琢型时应避免宝石台面及大部分刻面与解理方向平行,而是与解理面形成一个小角度,如黄玉(托帕石)的底面完全解理,琢型设计如图 1-26、图 1-27 所示。

图 1-26　黄玉台面设计应与底面解理形成一个小角度　　　图 1-27　黄玉原石及其成品

2. 裂理

裂理指宝石受到外力作用后沿其特殊结构裂开的性质,这些结构包括双晶结合面或一些包裹体夹层等。解理为宝石的固有性质,同时解理面比裂理面更为平滑。

当宝石裂理发育时,由于宝石透明度较低,宝石易沿裂理方向裂开,为保证宝石的耐久性,此时宜设计成弧面型,而不设计成刻面型。常见裂理发育的宝石有刚玉族宝石,如红宝石(图 1-28)、蓝宝石。

3. 断口

断口是宝石在外力作用下随机产生的无规则的破裂口。常见的断口类型有贝壳状断口、阶梯状断口、参差状断口及锯齿状断口等,如图 1-29~图 1-31 所示。大部分宝石属于贝壳状断口,如水晶、海蓝宝石、橄榄石等;多数玉石呈参差状断口,如翡翠、软玉。在选购宝石原料时,可根据宝石断口的类型大致区分宝石品种。

图 1-28　红宝石的裂理　　　图 1-29　石英的贝壳状断口

图 1-30　石英的阶梯状断口　　图 1-31　钾长石的参差状断口

4.硬度

宝石的硬度是指其抵抗压力、刻划或研磨的能力。最常用的宝石矿物硬度表示方法是摩氏硬度。摩氏硬度为相对硬度,分为十个等级,分别由十种矿物作为标样,具体见表 1-6。

表 1-6　摩氏硬度表

硬度等级	标样矿物	硬度等级	标样矿物
1	滑石	6	正长石
2	石膏	7	石英
3	方解石	8	黄玉
4	萤石	9	刚玉
5	磷灰石	10	金刚石

某些宝石矿物的硬度在方向上具有一定的差异,称为差异硬度。对于差异硬度明显的宝石,应根据差异硬度方向合理设计琢型刻面方向。如蓝晶石平行晶体延长方向上的硬度为 4.5～5,垂直晶体延长方向上的硬度为 6.5～7,台面设计时应与硬度大的方向平行。

硬度大的宝石矿物可以划动和研磨硬度小的宝石,因此在加工过程中,应选择硬度较大的磨料和磨具,如金刚石磨盘及金刚石抛光粉能研磨抛光大部分宝石。由于空气中二氧化硅(硬度 7)成分较多,因此硬度大于 7 的宝石在使用过程中不易被刻划,能长时间保持其亮度不变,耐久性较高;硬度小于 7 的宝石在佩戴过程中容易与空气中的二氧化硅产生摩擦,表面产生细微的划痕使亮度降低、棱边磨损严重。因此,硬度大于 7 的宝石一般加工为刻面型,以显示其亮度及光泽,硬度小于 7 的宝石多加工为弧面型,以减少棱边与空气的摩擦,延长使用期限。硬度小于 3 的宝石矿物一般不考虑选做宝石原料。

5. 韧性与脆性

宝石的韧性指其受外力作用下,抵抗撕裂破碎的能力。易于碎裂的性质称为脆性。如软玉、刚玉的韧性大,在受外力后不易破碎;祖母绿脆性较大,为使镶嵌、佩戴时不易碎裂,多加工成祖母绿琢型。

6. 密度与相对密度

宝石单位体积的质量称为密度。在宝石鉴定中主要使用相对密度。相对密度,是物质在空气中的质量与 4℃时同体积水的质量之比。英文缩写为 SG,无单位。

相对密度≈宝石在空气中的质量/(宝石在空气中的质量－宝石在水中的质量)

在挑选宝石原料的过程中,通过对宝石"掂重",可大致判断其相对密度,快速从一堆混合的宝石中将相对密度过大或过小的宝石挑选出来,如图 1-32 所示。

图 1-32　碧玺、海蓝宝石、石榴石原料

二、宝石的光学性质

1. 宝石鉴定中用到的光源

自然光,指从实际光源发出的光,如太阳光、灯光等。自然光的特点是在垂直光波传播方向的平面内,沿各个方向都有等振幅的光振动,如图 1-33 所示。

偏振光,指某一固定方向振动,且振动方向垂直于光波传播方向的光,也称平面偏振光或偏光,如图 1-34 所示。

可见光,指电磁波谱中可被人眼感知的光,一般波长在 380～760nm 之间。

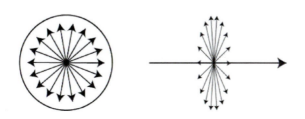

图 1-33　自然光在垂直光线传播的各个方向上均有振动

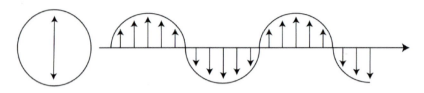

图 1-34　偏振光只在垂直光线传播的某个方向上振动

2. 宝石的颜色

宝石的颜色是宝石对部分可见光的波长选择性吸收后,剩下的可见光通过人眼及大脑的结果,如图 1-35 所示。

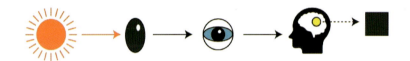

图 1-35　人感知颜色过程

1) 多色性

宝石的多色性,指非均质体宝石在不同方向上对可见光产生选择性吸收,从而使宝石在不同方向上显示不同颜色的现象。只有非均质体、有色、透明的宝石可见到多色性,一轴晶宝石可有二色性,二轴晶宝石可有三色性。一般在平行光轴或平行光轴面方向上,多色性最明显;在垂直光轴切面方向上不显示多色性。多色性强的宝石有坦桑石、堇青石、碧玺等。

一般来说,在宝石琢型设计中,应使宝石台面垂直或平行光轴方向,使台面展示出最好的颜色。如红宝石中,平行 C 轴方向显示艳红色,垂直 C 轴方向显示橙红色,则在设计时应使宝石台面垂直 C 轴,使人从台面方向观察到艳红色,如图 1-36 所示。在颜色较深的绿色碧玺中,沿平行 C 轴方向观察颜色较深,沿垂直 C 轴方向观察宝石颜色较浅,则在设计时应使宝石台面平行 C 轴,使人从台面方向观察到颜色适宜的绿色。

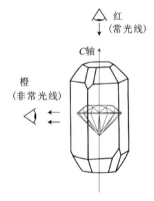

图 1-36　红宝石的颜色定向

2) 色带、色斑、色块

与宝石主体颜色有明显差异的部分可称为色带、色斑、色块等。宝石的色带常呈一定方向的条带状、线状出现。设计宝石琢型时,应尽量避免颜色不均匀的色带、色块等出现在宝石台面上,如图1-37所示。如红宝石、蓝宝石常有平面与C轴垂直的六边形色带出现,设计宝石琢型时,一般情况下尽量使宝石台面与C轴平行。

图 1-37　紫晶的色带、色块

3. 宝石的光泽

宝石的光泽是指宝石表面反射光的能力。光泽根据强弱可分为金属光泽、半金属光泽、金刚光泽、玻璃光泽,如图1-38～图1-41所示。宝石的特殊光泽有油脂光泽、树脂光泽、丝绢光泽及珍珠光泽等,如图1-42、图1-43所示。对同一宝石品种,宝石的抛光质量是光泽强弱的重要影响因素之一,抛光越好,光泽越强。

图 1-38　金属光泽　　　　　　　　图 1-39　半金属光泽

图 1-40　金刚光泽　　　　　　　　图 1-41　玻璃光泽

图 1-42　树脂光泽　　　　　　　　　图 1-43　珍珠光泽

4. 特殊光学效应

宝石的特殊光学效应主要有猫眼效应、星光效应、变彩效应、变色效应等，此外还有晕彩效应、月光效应、砂金效应等。具有特殊光学效应的宝石多加工成弧面型，变色效应除外。

1）猫眼效应及星光效应

猫眼效应指弧面型宝石表面因光的反射及折射而呈现一条亮线，似猫眼的现象。星光效应指弧面型宝石表面因光的反射及折射而呈现两组或两组以上的亮线，似星光闪耀的现象。

宝石呈现猫眼效应或星光效应的条件：首先，宝石需含有一组（猫眼效应）或多组（星光效应）定向排列、密集的纤维状、针状、管状包裹体或定向结构。其次，宝石琢型设计时应使宝石底面与包裹体平面平行，且弧面型宝石高度与包裹体反射光焦点高度相同，宝石产生的亮线与包裹体延伸方向垂直。最后，弧面进行抛光，底面一般不进行处理或不抛光，如图 1-44～图 1-46 所示。

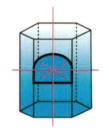

图 1-44　星光效应形成机理与星光效应

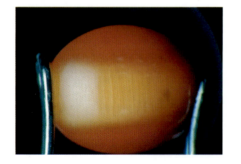

图 1-45　玻璃猫眼一组平行排列的纤维状包裹体　　　　图 1-46　玻璃猫眼的猫眼效应

2) 变彩效应

变彩效应指在同一宝石中主要由光的干涉、衍射而产生各种颜色色斑的现象,且色斑颜色随着观察角度的变化而变化。

欧泊可具变彩效应,应使宝石底面与大部分色斑平面平行,选择颜色丰富、鲜艳的色斑部分作为宝石中心,主要设计成弧面型,如图1-47所示。

图1-47 欧泊成品

3) 晕彩效应、月光效应、砂金效应

长石族的宝石可形成各种特殊光学效应,如拉长石的晕彩效应、月光石的月光效应及日光石的砂金效应等。拉长石的晕彩效应指由于光在拉长石聚片双晶薄层间或定向排列的片状、针状包裹体中产生干涉、衍射而形成的,转动宝石时可显示红色、黄色、蓝色等颜色晕彩的现象。月光石的月光效应是指光在钾长石与钠长石层间或聚片双晶层间产生漫反射或干涉、衍射而形成的,转动宝石时可呈现蓝色、白色等似月光的现象。日光石的砂金效应是指由于光在大致定向排列的片状、针状包裹体间产生折射、反射而形成的,转动宝石时可呈现许多耀眼反射光的现象,如图1-48所示。

长石族的特殊光学效应均与宝石的层状结构有关,因此宝石设计时应使宝石底面与其层状结构平行,并琢磨成弧面型,使宝石更好地呈现特殊光学效应。

 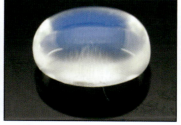 

图1-48 晕彩效应(左)、月光效应(中)、砂金效应(右)

5. 宝石矿物的折射及折射率

当光从一种介质传入另一种介质时,在分界面上将发生光的反射、折射现象。

光的折射定律:光从光疏介质(折射率小)斜射入光密介质(折射率大)时,折射光线与入射光线、法线在同一平面上,折射光线和入射光线分居法线两侧;折射角小于入射角,入射角增大时,折射角也随着增大。当光从光密介质中斜射入光疏介质时,折射角大于入射角,入射角增大时,折射角也随着增大。当光线垂直射向介质表面时,传播方向不变,在折射中光路可逆(图1-49)。

光的反射定律:指光射到一个界面上时,反射光线、入射光线和法线在同一平面内,反射光线和入射光线分居法线两侧,且反射角等于入射角(图1-50)。

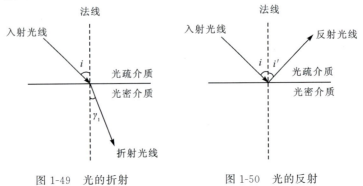

图1-49 光的折射　　　　图1-50 光的反射

光的全反射:当光波由光密介质射入光疏介质时,增大入射角使入射光线不再发生折射,而是全部反射回入射介质中,这一现象称为光的全反射,与其相应的入射角称为全反射临界角,如图1-51所示。

设光疏介质的折射率为 n_1,光密介质的折射率为 n_2($n_2 > n_1$),全反射临界角为 Φ,$\sin\Phi = n_1/n_2$。

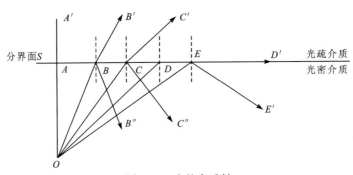

图1-51 光的全反射

非均质体宝石的最大折射率与最小折射率的差值为双折射率。双折射率大的宝石材料设计琢型时应使台面与光轴垂直,沿光轴方向观察时宝石不产生双折射,使宝石不会出现较明显的刻面棱重影,影响宝石外观,如图1-52、图1-53所示。

图1-52 橄榄石原石(左)及其成品(右)　　　图1-53 橄榄石的刻面棱重影

6. 宝石矿物的色散

白光通过材料时被分解而形成不同波长色光的现象称为色散。如一束白光通过三棱镜因折射率不同,被分解成白光的组成色,如图 1-54 所示。具有高色散的宝石有锰铝榴石 0.027、锆石 0.039、钻石 0.044、榍石 0.051、翠榴石 0.057、合成立方氧化锆 0.065。

折射率与色散值较高的宝石多设计成明亮式琢型以体现其亮度和火彩,如红宝石、石榴石、橄榄石等。折射率或色散值较低的多设计成主要体现宝石颜色的阶梯式琢型,如祖母绿、海蓝宝石等。

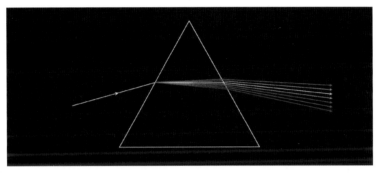

图 1-54 光的色散

7. 宝石的其他物理性质

1) 导热性

导热性是指物体传导热的能力。金属矿物的导热性最强,晶体的导热性次之,非晶体的导热性最差。例如黄金导热性强,用手触摸则会有冰凉感,塑料导热性差,用手触摸有温热感。在宝石晶体中,钻石的导热性最好,因此为了鉴别钻石和其他相似宝石,人们发明了热导仪。

2) 导电性

导电性是指物体传导电荷的能力。一般来说金属的导电性强于非金属的导电性。在常见宝石中,天然蓝色钻石是电的半导体,而辐照处理的蓝色钻石不导电,可以用导电性来帮助鉴定。同时半导体可应用于电子元器件的开发,如Ⅱb型金刚石(钻石)可用作半导体。

3) 压电性

压电性是指物体在受到外力作用后产生电荷的性质。具有压电性的矿物可应用于无线电技术、石英电子表中。例如石英单晶体等。

4) 热电性

热电性是指物体在受热后产生电荷的性质。例如碧玺具有热电性。

5) 静电性

静电性是指物体在受到摩擦后产生静电荷的性质。例如琥珀、塑料等具有静电性。

6）磁性

磁性主要由于宝石矿物中含有铁、钴、镍等金属元素导致。例如拉长石中含有较多磁铁矿包裹体，可以辅助鉴定。

第六节　宝石的检测仪器

一、宝石10倍放大镜

1. 宝石10倍放大镜的结构

常用宝石10倍放大镜为三组合镜，其结构包括三部分：上、下两片凹凸透镜及中间一块双凸透镜，如图1-55所示。

 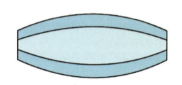

图1-55　宝石10倍放大镜的实物及其光学结构

2. 宝石10倍放大镜的使用方法

（1）清洁标本。

（2）将放大镜贴近眼睛，双眼同时睁开，以免在短时间内出现疲劳。

（3）用宝石镊子夹取样品并倚靠在持镜的手一侧，眼睛距离放大镜约2.5cm进行观察。

（4）先整体观察宝石外部及内部特征，再重点聚焦观察。

3. 宝石10倍放大镜的用途

宝石10倍放大镜可观察宝石内外部特征，如包裹体分布、色带、生长纹、解理及加工质量等。

4. 注意事项

（1）使用之前需要清洁标本，以免误将标本表面的污渍灰尘看作表面特征。

（2）需要从标本的多个角度进行观察，以便全面观察各种现象。

（3）宝石放大镜使用时需要做到"三靠"：手肘靠桌面、双手相靠、持放大镜的手靠脸颊，以保证最大的稳定性。

（4）玻璃透镜硬度较低，使用完毕后应及时收回并套上保护套。

二、宝石显微镜

1. 宝石显微镜的结构（图 1-56）

光学系统：含目镜系统、物镜系统及变焦系统等。
照明系统：含底光源、顶光源、电源开关和光量强度调节旋钮等。
机械系统：含支架、底座、焦距调节旋钮、锁光圈、宝石夹等。

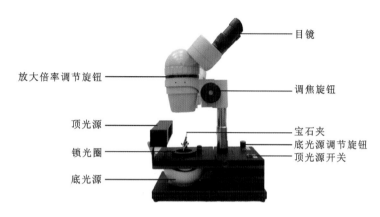

图 1-56　显微镜结构图

2. 宝石显微镜的使用方法

(1)清洁标本，并置于宝石夹上。
(2)将镜头调到最低处，打开显微镜照明灯。
(3)根据眼间距调节目镜，视域变成一个完整的圆形表示调节完毕。
(3)先调节焦距使不可变焦目镜的视域清晰，再调节可变焦目镜的焦距使视域清晰，最后调节焦距旋钮聚焦。
(4)根据需要选择合适的照明方式，先观察标本整体情况，再继续放大物镜倍数进行局部观察。
(5)观察完毕将宝石收放整齐、显微镜复位并套上外罩。

3. 宝石显微镜的照明方式

宝石显微镜主要的照明方式含反射照明法、暗域照明法和亮域照明法等。反射照明法使用顶光源照明，主要用于观察宝石的外部特征。暗域照明法使用底光源照明，同时使用黑色挡板，主要用于观察宝石的内部特征。亮域照明法使用显微镜内置底光源照明，并撤掉挡板，用于观察宝石内部颜色较深的包裹体或生长纹等。除上述照明方法外，还有散射光照明法、点光照明法、水平照明法、遮掩照明法、偏光照明法等，如图 1-57 所示。

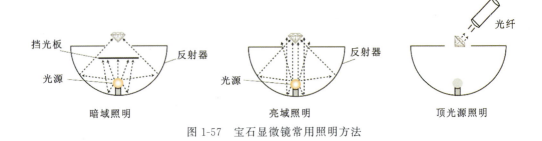

图1-57 宝石显微镜常用照明方法

4.宝石显微镜的用途

利用宝石显微镜,可全面清晰地观察宝石材料的内外部特征,包括裂隙、包裹体、色带及生长纹等。

5.注意事项

(1)使用显微镜时,对机械部位要轻柔操作。
(2)目镜、物镜镜头不可用手触碰,清洁时应使用专用镜头纸清洁。
(3)显微镜使用完毕时,应将底光源亮度调至最低并关闭电源。
(4)使用完毕后应及时将物镜镜筒调至最低状态,以免调节旋钮松动。

三、折射仪

1.折射仪的原理

宝石折射仪的原理是根据折射定律和全反射原理制造的,如图1-58所示。

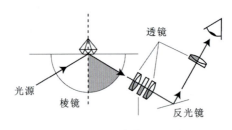

图1-58 折射仪原理图

2.折射仪的结构

宝石折射仪主要由高折射率棱镜、反射镜、透镜、偏光片、光源及标尺等组成,如图1-59所示。目前市场上大部分折射仪棱镜材质主要为铅玻璃,光源一般采用波长为589.5nm的黄光。因宝石与棱镜之间存在一层空气薄膜,为了保证二者之间有良好的光学接触,需使用接触液(折射油)。

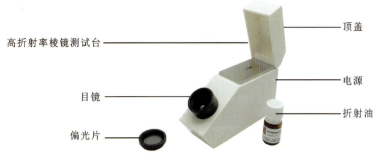

图 1-59 宝石折射仪

3. 折射仪的使用方法

根据宝石的具体情况可选择近视法或远视法。一般来说,刻面型宝石多用近视法,小刻面或弧面型宝石多用远视法。

1) 近视法

(1) 清洁标本和测台。

(2) 打开电源,将折射油滴至棱镜测试台中央,油滴直径大约 1~2mm。

(3) 选取宝石抛光好的最大刻面,轻轻推至棱镜测试台中央的油滴上。

(4) 眼睛贴近目镜,转动宝石,观察阴影线上下移动情况,读数并记录。

(5) 测试完毕,应及时清洁标本和测台,回收标本并关闭电源。

2) 远视法

(1) 清洁标本和测试台。

(2) 打开电源,将适量折射油滴至靠近测试台的金属台面上。

(3) 将宝石弧面朝下,使宝石弧面接触适量折射油。

(4) 将带有适量折射油的宝石放置于测试台中央。

(5) 眼睛前后移动,观察清楚宝石轮廓。

(6) 眼睛上下移动,观察宝石轮廓内明暗变化,并记录半明半暗时交界处的读数。

(7) 测试完毕,应及时清洁标本和测试台,回收标本并关闭电源。

4. 折射仪的用途

可用于测试宝石的折射率、双折射率、轴性及光性。

5. 注意事项

(1) 宝石应具有良好的抛光面,弧面型宝石底面若抛光良好,可采用刻面法测试。

(2) 有机宝石、多孔宝石不宜使用折射仪测折射率。

(3) 测试前清洁测试台及宝石。

(4) 要获得准确的双折射率值,需多测量几个刻面。

(5)注意区分宝石折射率和折射油的折射率。

(6)注意保护折射仪测试台,避免被宝石或镊子划伤而影响测试台使用寿命。测试结果的准确度取决于宝石的抛光情况、折射油的用量、折射仪自身的精度等多种因素。

(7)测试结束后,及时擦拭测试台残存的接触液,避免接触液腐蚀测试台。

四、偏光镜

1. 偏光镜的原理

当自然光通过下偏光片时,产生与下偏光片平行的偏振光。如上下偏光片振动方向互相平行时,视域最亮;如上下偏光片振动方向互相垂直时,视域最暗,如图1-60所示。

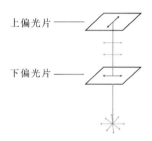

图1-60 偏光镜的原理

2. 偏光镜的结构

偏光镜的主要结构包括上偏光片、下偏光片、宝石载物台及光源等,如图1-61所示。

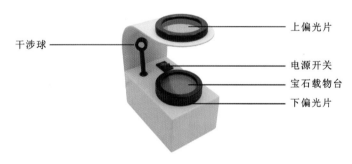

图1-61 偏光镜的结构

3. 偏光镜的使用方法

(1)清洁待测宝石。

(2)打开光源,转动上偏光片,使上下偏振光垂直,从上方观察视域最暗。

(3)将待测宝石置于载物台上。

(4)转动宝石(载物台)360°,观察宝石明暗变化,记录并做出结论,偏光镜观察现象及结论如表1-7所示。

(5)收起待测宝石,关闭电源。

表1-7 偏光镜观察现象及结论

操作	现象	结论
正交偏光下,转动宝石360°	四明四暗	光性非均质体
正交偏光下,转动宝石360°	全暗/异常消光	光性均质体
正交偏光下,转动宝石360°	全亮	光性非均质集合体

4.偏光镜的用途

利用宝石偏光镜,可测试宝石光性特征、轴性及观察宝石多色性等。

5.注意事项

(1)不透明、颗粒太小、裂隙或包裹体较多的宝石不宜测试。

(2)测试中需将宝石多换几个方向观察,以免影响结论。

五、电子天平

1.利用电子天平测试宝石相对密度的原理

电子天平测试宝石相对密度的原理是阿基米德定律。

相对密度(d)≈宝石在空气中的质量/(宝石在空气中的质量−宝石在水中的质量)。

2.电子天平的结构

电子天平由秤盘、水平调节脚及显示器等组成,如图1-62所示。

图1-62 电子天平实物图

3.电子天平的使用方法

1)测量质量方法

(1)调节水平调节脚,使水平仪内气泡位于圆环中央。

(2)用镊子把宝石放到秤盘上,待数据稳定后读数并记录。

(3)称重完毕,收起宝石,关闭仪器。

2)净水称重法测试相对密度

(1)清洁待测宝石。

(2)打开电子天平,调节天平归零。

(3)将宝石放于秤盘上称重,记录宝石在空气中的质量$G_空$。

(4)用镊子将宝石取出,调节天平归零。

(5)用镊子轻轻将宝石放入金属兜中,确保宝石及金属兜完全浸入水中,称出宝石在水中的质量$G_水$。

(6)将所测数值代入公式$SG \approx G_空/(G_空 - G_水)$,得出宝石相对密度。

(7)将宝石取出擦干净,收起宝石,关闭电源。

4.电子天平的用途

常用的电子天平读数可精确至小数点后第四位,电子天平主要用于宝石称重和测定相对密度。

5.注意事项

(1)多孔、多裂隙及过小(小于0.3ct)的宝石不宜用净水称重法测试相对密度。

(2)金属兜和待测宝石浸入水中时需消除气泡。

(3)电子天平要放置在平稳的地方,关闭门窗,避免干扰。

六、二色镜

1.二色镜的原理

当自然光进入非均质体宝石时,分解成两束振动方向相互垂直,传播方向不同的偏振光。非均质体宝石对不同振动方向的光的吸收不同,将这两种振动方向的光分离开来,就可能看到不同的颜色。只有有色、透明(可透过光)的非均质体宝石可观察到多色性。

2.二色镜的结构

宝石二色镜主要由物镜、冰洲石及目镜等组成,如图1-63、图1-64所示。

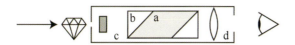

图 1-63　宝石二色镜结构图

a.冰洲石;b.玻璃棱镜;c.窗口;d.凸透镜

图 1-64　宝石二色镜

3.二色镜的使用方法

(1)用白光透射宝石样品。

(2)将二色镜紧靠宝石,保证进入二色镜的光为透射光。

(3)眼睛靠近二色镜,边转动二色镜边观察二色镜两个窗口的颜色差异。

(4)记录并分析结果。

4.二色镜的用途

观察宝石多色性,如图 1-65 所示。

图 1-65　碧玺的二色性

5.注意事项

(1) 有色、透明的宝石才可观察多色性。

(2) 应从多个方向观察。

(3) 多色性弱的宝石不要轻易下结论,需用其他方法验证。

(4) 避免将宝石颜色分布不均的现象误认为是多色性。

七、紫外荧光灯

1. 紫外荧光灯的原理

紫外荧光灯可发出主要波长为365nm的长波紫外光和253.7nm的短波紫外光,可观察宝石在长波和短波紫外光下的发光特征。

2. 紫外荧光灯的结构

紫外荧光灯主要由长波与短波紫外光光源、暗箱及电源开关等组成,如图1-66所示。

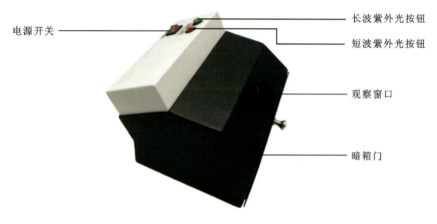

图1-66　紫外荧光灯

3. 紫外荧光灯的使用方法

(1)清洁待测宝石,置于紫外荧光灯下并关闭暗箱。
(2)打开光源,选择长波或短波紫外光,观察宝石的发光特征。
(3)记录现象,主要为荧光的强弱、颜色及发光部位。

4. 紫外荧光灯的用途

通过观察宝石的发光特征,可辅助鉴定宝石的品种、产地及是否经过优化处理等。

5. 注意事项

(1)短波紫外光会对眼睛造成伤害,严重者可导致失明,应避免直视紫外荧光灯。
(2)短波紫外光会对皮肤造成伤害,禁止将手直接置于紫外荧光灯下操作。
(3)应注意区别紫色荧光与紫色荧光假象,紫色荧光是宝石整体发出的光,紫色荧光假象是宝石对紫外光的反光。

八、钻石热导仪

1. 钻石热导仪的原理

钻石热导仪是根据钻石的极高导热率设计出来，快速区分钻石与其相似宝石的仪器。

2. 钻石热导仪的结构

钻石热导仪主要由金属触头、显示屏及电源开关等组成，如图1-67所示。

图1-67　钻石热导仪

3. 钻石热导仪的使用方法

(1)将待测宝石清洁干净并干燥，放置于金属板合适的位置上。
(2)打开热导仪开关，根据室温及宝石大小调至合适模式，预热。
(3)手握探测器，手指接触金属板，以直角对准测试宝石，施加一定的压力，仪器显示出光和声信号，得到测试结果。
(4)当热导仪有钻石区的声音提示时，测试样品可能是钻石或合成碳化硅，可进一步通过放大镜将其区分，钻石为均质体无刻面棱重影现象，合成碳化硅有明显的刻面棱重影。

4. 钻石热导仪的用途

钻石热导仪可快速区分钻石与相似宝石。

5. 注意事项

(1)在测试过程中应注意保护金属触头，使用完毕应立即盖上保护罩。
(2)电池电量不足时应及时更换，避免影响测试结果。

九、大型仪器介绍

1. 傅立叶变换红外光谱仪

傅立叶变换红外光谱仪是利用红外光波照射宝石材料，使材料振动能级发生跃迁，吸收相应的红外光而产生的光谱,从而进行材料分析的仪器。测试方法包括透射法和反射法两种,可提供便捷、准确、无损的测试。

在宝石学中,可通过红外光谱的差异鉴定宝石品种。可检测宝石中的人工材料,从而鉴别是否存在充填处理,如翡翠 C 货中的环氧树脂。可通过测试宝石中的羟基、水分子,鉴别天然水晶与合成水晶。可通过测试钻石中杂质原子的存在形式对钻石进行类型划分,如图 1-68、图 1-69 所示。

图 1-68　红外光谱仪

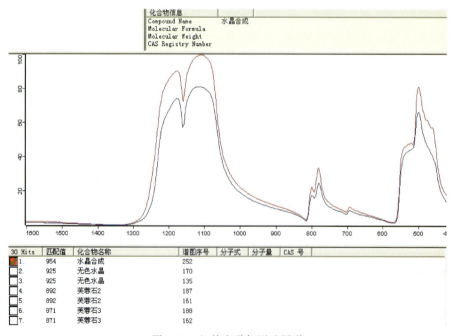

图 1-69　红外光谱仪测试图谱

2. 激光拉曼光谱仪

激光拉曼光谱仪是利用激光光子与材料分子发生非弹性碰撞，产生分子联合散射光谱，从而对材料进行分析的仪器。具有分辨率、灵敏度较高，快速无损等特点。

在宝石学中，可检测宝石中包裹体的成分，特别是对宝石内部 $1\mu m$ 大小的单个流体包裹体及各类固相矿物包裹体进行研究，从而进行成因类型分析。可检测宝石中的充填物质，鉴别染色处理黑珍珠（富含银）与海水养殖黑珍珠。可根据光谱鉴定宝石种属，如图 1-70、图 1-71 所示。

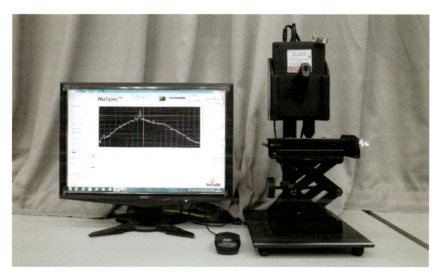

图 1-70　激光拉曼光谱仪

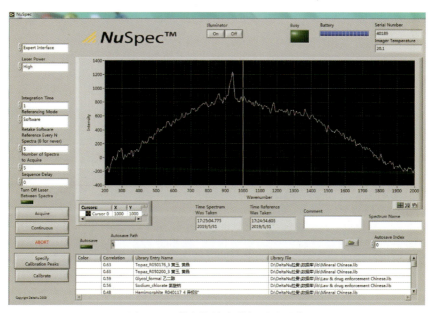

图 1-71　激光拉曼光谱仪测试图谱

3. 紫外-可见分光光度计

紫外-可见分光光度计是利用紫外-可见电磁光波照射材料,使材料发生电子能级间跃迁,产生吸收光谱,从而进行材料分析的仪器,如图 1-72 所示。

在宝石学中,可根据吸收光谱特征对宝石进行鉴定。可检测人工优化处理宝石,如天然蓝色钻石与辐照处理蓝色钻石;可区分部分天然宝石与合成宝石,如天然红色绿柱石与合成红色绿柱石;可研究宝石呈色机理。

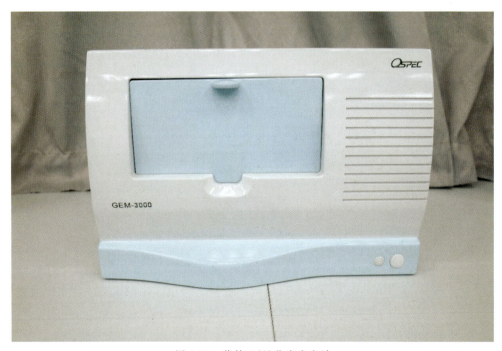

图 1-72　紫外-可见分光光度计

4. 阴极发光仪

阴极发光仪是利用阴极射线管发射较高能量的电子束,激发宝石材料的表面使其发光,根据发光特征从而进行材料研究的仪器。

在宝石学中,可根据宝石发光特征分天然与合成红宝石、天然钻石与合成钻石、天然翡翠与充填处理翡翠等,如图 1-73 所示。

5. 宝石比例分析仪

宝石比例分析仪是测量宝石比例的常规仪器,是通过投影图与屏幕上的标准图形及标尺的关系来测量成品宝石的比例和主要对称性偏差,如图 1-74、图 1-75 所示。

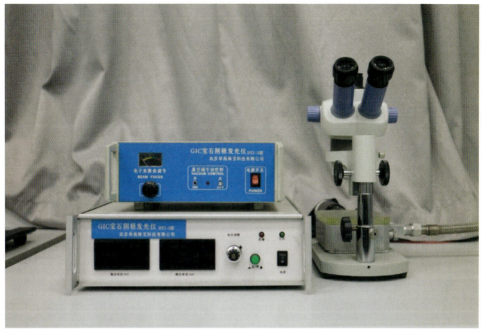

图 1-73　阴极发光仪

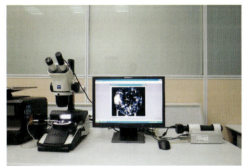 

图 1-74　宝石比例分析仪

  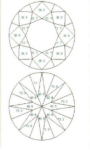

图 1-75　宝石比例分析仪测试结果

课后思考题

1. 宝石和玉石有哪些区别？
2. 简述世界主要宝石矿产资源的分布情况。
3. 解理和裂理有哪些区别？
4. 简述常见宝石的结晶习性。
5. 简述常用宝石检查仪器的使用方法。

第二章　宝石琢型设计基础

技能要求

【初级工】一、国家制图标准

1. 图纸幅面和图框格式；2. 比例；3. 字体；4. 图线；5. 尺寸标准。

二、宝石设计常用几何作图（手绘画法）

1. 多边形的画法；2. 蛋形四心圆画法；3. 心形画法；4. 梨形画法；5. 马眼画法；6. 肥三角画法；7. 棕形画法。

三、标准圆钻型手绘画法

【中级工】1. 宝石的定向设计；2. 祖母绿型手绘画法；3. 圆型宝石琢型设计。

【高级工】一、宝石角度及比例设计

二、常用刻面宝石的设计特点

1. 蛋形琢型画法；2. 马眼形琢型画法；3. 心形琢型画法；4. 梨形琢型画法；5. 祖母绿型画法。

第一节　国家制图标准介绍

珠宝首饰的设计制图目前还没有统一的制图标准，首饰企业都是应用各自的企业标准，图纸表达方式各有特点，为适应现代化生产需要和便于进行技术交流，图样的格式和表示方法必须有统一的规定，在没有制定珠宝首饰的国家制图标准前，运用国家制图标准来规范珠宝首饰的行业标准是一个很好的办法。

国家标准《机械制图》是工程界的基础技术标准，是阅读技术图样、绘图、设计和加工的准则和依据，在生产和技术交流中通过图样来表达设计意图，珠宝首饰的制作是根据设计图纸进行的，所以图样是工业生产和科技部门的一种重要技术资料，被人们比喻为"工程界的语言"，必须严格遵守。

国家标准简称"国标"，代号"GB"。本章仅介绍宝石绘图用到的图幅、比例、字体、图线、尺寸等基本规定。

一、图纸幅面和图框格式（根据 GB/T 14689—1993）

图纸幅面和图框格式的规定，使技术文件统一装订格式便于保存和进行技术交流（表 2-1、图 2-1）。

表 2-1　图纸幅面

幅面代号		A0	A1	A2	A3	A4
幅面尺寸 $B \times L$ (mm×mm)		841×1 189	594×841	420×594	297×420	210×297
周边尺寸	C	20			10	
	B	10			5	
	A	25				

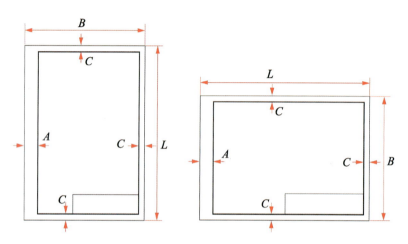

图 2-1　图框格式

二、比例（根据 GB/T 14690—1993）

(1)图中图形与实物相应要素的线性尺寸之比称比例。实物与图样比值为 1 的比例，即 1∶1 称为原值比例，比值大于 1 的比例为放大比例，比值小于 1 的比例为缩小比例。通常用原值比例画图，当宝石过大或过小时，可将它缩小或放大画出，如图 2-2 所用比例应符合表 2-2 中的规定。

图 2-2　实物大小对比

表2-2 基本幅面

种类	优先选用	允许选用
原值比例	1:1	
放大比例	5:1 2:1 $5\times10^n:1$ $2\times10^n:1$ $1\times10^n:1$	4:1 2.5:1 $4\times10^n:1$ $2.5\times10^n:1$
缩小比例	1:2 1:5 1:10 $1:2\times10^n$ $1:5\times10^n$ $1:10^n$	1:1.5 1:2.5 1:3 1:4 1:6 $1:1.5\times10^n$ $1:2.5\times10^n$ $1:3\times10^n$ $1:4\times10^n$ $1:6\times10^n$

注：n为正整数。

（2）比例在设计上的应用。①比例一般应标注在标题栏中的比例栏内。必要时，在视图名称的下方或右侧标注，如图2-4所示。②如果实物太小，需要用图纸表达清楚，采用放大比例画法，例如5:1。③如果实物太大，无法用1:1在图纸上表达，采用缩小比例画法，例如1:5。

三、字体(GB/T 14691—1993)

字体要求：图样中书写的字体必须做到字体工整、笔画清楚、间隔均匀和排列整齐，如图2-3所示。

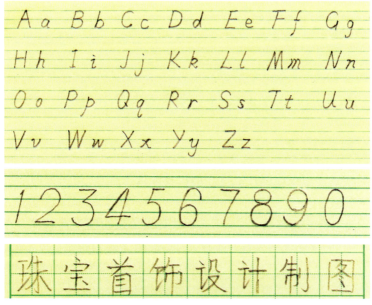

图2-3 书写英语字母、阿拉伯数字、汉字示例

四、图线（根据 GB/T 17450—1998、GB/T 4457.4—2002，表 2-3）

表 2-3 宝石设计常用图线

名称	线型	一般应用
粗实线	———————	1.可见轮廓线；2.可见过渡线
细实线	———————	1.尺寸线与尺寸界线；2.剖面线；3.重合断面轮廓线；4.引出线；5.分界线及范围线；6.弯折线；7.辅助线
细虚线	← 12d →← 3d →— — —	1.不可见轮廓线；2.不可见过渡线
细点画线	← 24d →← 3d →0.5d	1.轴线；2.对称中心线；3.轨迹线；4.节圆及节线
细双点画线	← 24d →← 3d →0.5d	1.相邻辅助零件的轮廓线；2.极限位置的轮廓线；3.坯料的轮廓线或毛坯图中制成品的轮廓线；4.假想投影轮廓线；5.中断线
波浪线（徒手连续线）	～～～～	1.断裂处的边界线；2.局部剖视图中视图和剖视的分界线
双折线	─/\─/\─/\─	断裂处的边界线

注：图线的长度≤0.5d 时称为点。

五、尺寸注法（根据 GB/T 4458.4—2003、GB/T 16675.2—1996）

1.基本规则（图 2-4）

(1)宝石的真实大小应该以图样上所注的尺寸数值为依据，与图形的大小及绘图的正确度无关。

(2)图样的尺寸一般以毫米为单位，不需标注计量单位的代号或名称。考虑到珠宝首饰都是比较细小的零件和美学上的曲线较难标尺寸，按 1∶1 画图样时可以不标尺寸。

(3)宝石的每一尺寸，一般只标注一次，并应标注在反映该结构最清晰的图形上。

(4)图样中所标注的尺寸为最后完工尺寸，否则应另加说明。

2.线性尺寸的注法

一个完整的线性尺寸包括尺寸界线、尺寸线和尺寸数字，如图 2-4 所示。

(1)尺寸界线。尺寸界线用细实线绘制,并应由图形的轮廓线、轴线或对称中心线引出。
(2)尺寸线。尺寸线表明尺寸的长短,必须用细实线单独绘制。
(3)尺寸数字。尺寸数字一般写在尺寸线的上方,也允许写在尺寸线的中断处。

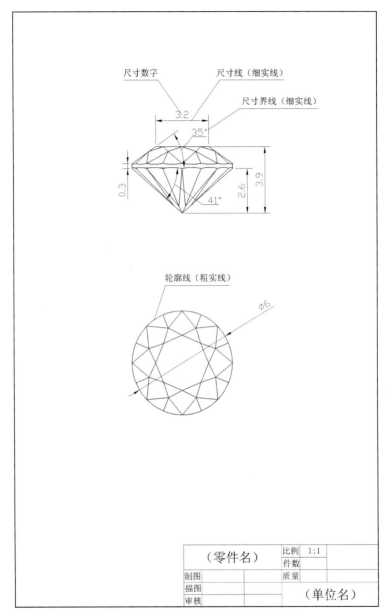

图 2-4　图纸尺寸注法示例

六、零件材质

不同材质剖面符号见图 2-5,同一尺寸的圆珠不同材质的画法示例见图 2-6。

图 2-5 不同材质剖面符号

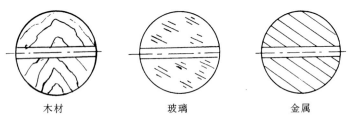

图 2-6 圆珠不同材质的画法示例

七、标题栏及技术要求

标题栏及技术要求是表达设计者对零件加工的要求,在图上不能表达清楚的内容在标题栏及技术要求中加以说明,标题栏及技术要求需要表达内容如下。

(1)设计、审核需要签名承担技术责任。
(2)图纸与实物的比例。
(3)生产零件材料。
(4)零件名称。
(5)必要时表明零件质量。
(6)技术要求应该说明零件的加工要求及完工零件的质量要求。

第二节 绘图工具的用法

正确地使用绘图工具,能提高图面质量、绘图速度,珠宝首饰手绘常用的绘图工具有图板、丁字尺、三角板、圆规、分规、擦线板、宝石模板等。

一、图板和丁字尺

图板的工作表面应平坦,左右两导边应平直。图纸可用胶带纸固定在图板上,丁字尺主要用来画水平线见图 2-7,宝石设计常用工具见图 2-8。

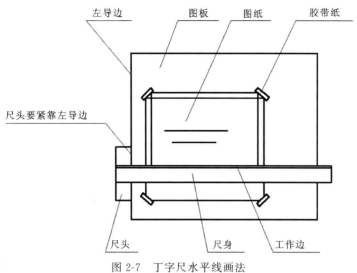

图 2-7 丁字尺水平线画法

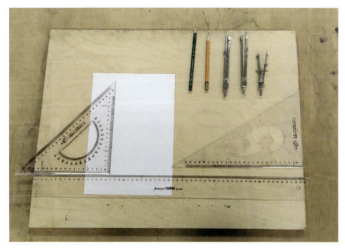

图 2-8 宝石设计常用工具

二、三角板

它和丁字尺配合使用,可画垂直线,30°、45°、60°各种斜线,利用三角板画已知直线的平行线和垂直线方法,如图 2-9 所示。

三、绘图仪器

盒装绘图仪器配套有 3 件、5 件、7 件不等。用得最多的是分规和圆规(图 2-10)。

1. 分规

分规可以用来等分线段、从尺上量取尺寸,在画三视图时是最好用的量取工具。分规有两种,当被截取的尺寸小而又要求精确时,最好使用弹簧分规。

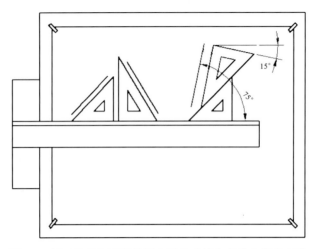

图 2-9　用三角板和丁字尺配合画垂直线和各种角度的直线

2. 圆规

圆规的钢针又分两种不同的针尖,画大圆或大圆弧时,应使用台阶的一端,若需画特大的圆或圆弧,可将延伸杆接在圆规上使用。

画粗实线圆时,为了得到较满意的效果,圆规上的铅笔芯应比画直线的铅笔芯软一级。

画小圆时最好使用弹簧圆规或点圆规。

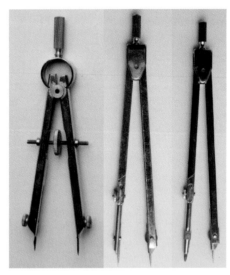

图 2-10　弹簧分规、分规、圆规

3. 铅笔

笔芯的软硬用"B、H"表示:"B"前数字愈大表示铅芯愈软;"H"前数字愈大表示铅芯愈硬。绘图时建议画粗实线用"HB"或"B",画细实线、点画线等用"H",写字、画箭头用"HB",如图 2-11 所示。

图 2-11　2B、HB 铅笔

第三节　宝石设计常用的几何作图

圆周的等分(正多边形)、斜度、锥度、平面曲线等几何作图方法,是绘制珠宝首饰工程图样的基础,应当熟练掌握。

一、常见宝石设计多边形画法

画法案例 1:用丁字尺、三角板作内接或外切正六边形,如图 2-12 所示。

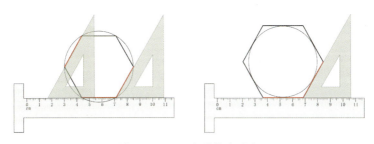

图 2-12　正六边形快速画法

画法案例 2:正七边形画法,如图 2-13 所示。

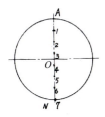
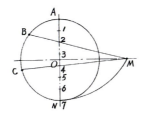
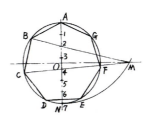

正七边形画法
教学视频

图 2-13　正七边形的画法

(1)作中心线交于点 O,以点 O 为圆心,点 A 为半径画圆。
(2)将 AN 等分成 7 等份,并标记数字。
(3)以点 A 为圆心,AN 为半径画弧与中心线交于点 M。
(4)连接 $M2$ 与圆周交于点 B,连接 $M4$ 与圆周交于点 C。
(5)$AB=BC$。
(6)在圆周上画出 $AB=BC=CD=DE=EF=FG=GA$。
(7)连接相邻的两个点,形成一个七边形。
(8)擦去辅助线完成正七边形绘制。

二、多边形宝石设计案例

设计案例 1：三角形宝石琢型设计案例，如图 2-14 所示。
设计案例 2：肥三角形宝石琢型设计案例，如图 2-15 所示。
设计案例 3：四边形宝石琢型设计案例，如图 2-16 所示。
设计案例 4：五边形宝石琢型设计案例，如图 2-17 所示。
设计案例 5：六边形宝石琢型设计案例，如图 2-18 所示。
设计案例 6：八边形宝石琢型设计案例，如图 2-19 所示。

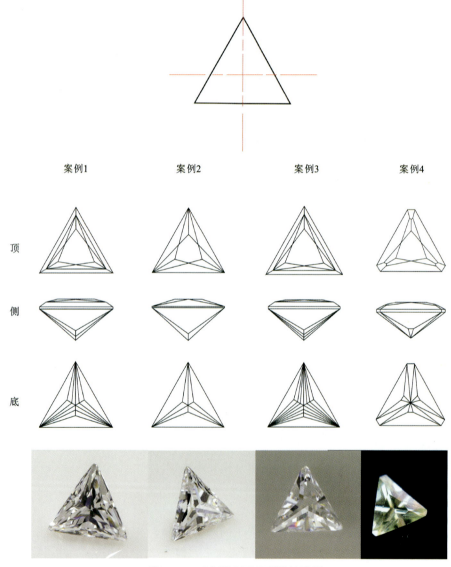

图 2-14　三角形宝石琢型设计案例

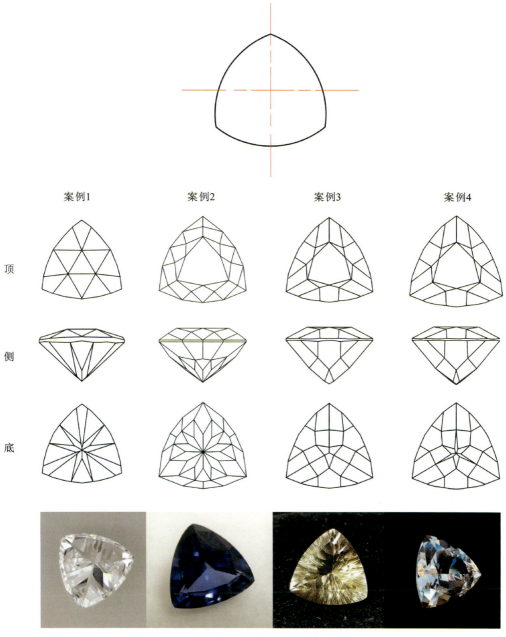

图 2-15 肥三角形宝石琢型设计案例

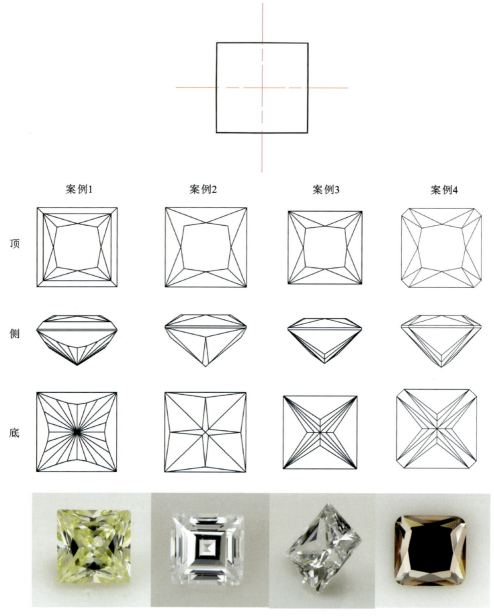

图 2-16 四边形宝石琢型设计案例

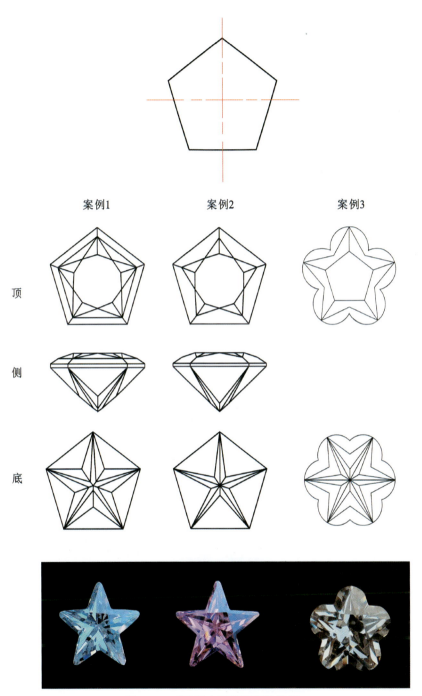

图 2-17 五边形宝石琢型设计案例

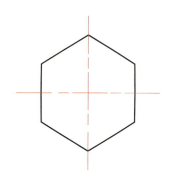

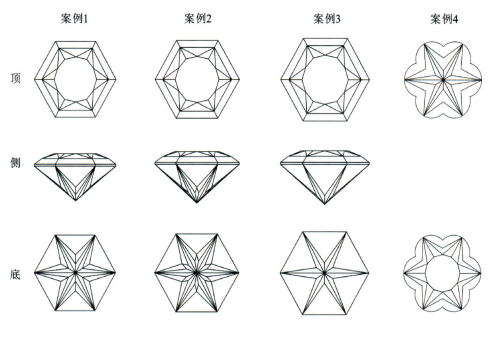

图 2-18　六边形宝石琢型设计案例

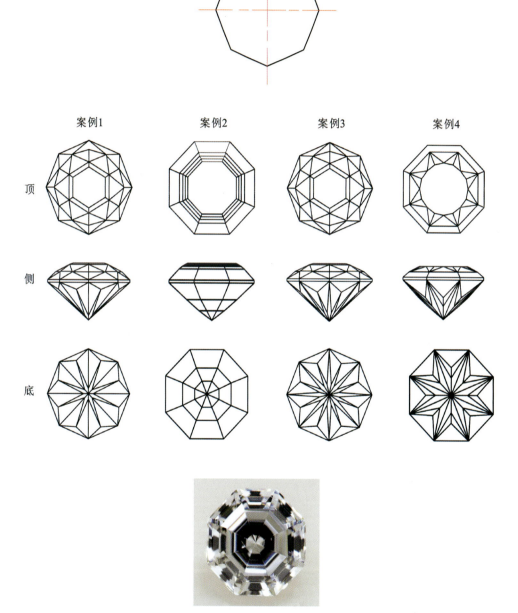

图 2-19 八边形宝石琢型设计案例

第四节 宝石加工常见的腰围画法

一、椭圆(蛋)形手绘画法(四心圆画法)

画法案例1：35mm×50mm 椭圆画法步骤如图 2-20 所示。

(1) 画长轴 $AB=50$mm、短轴 $CD=35$mm 垂直相交于点 O。
(2) 以点 O 为圆心，AO 为半径画弧与短轴 CD 相交于点 E。
(3) 连接 AC。
(4) 以点 C 为圆心，CE 为半径画弧与 AC 交于点 F。
(5) 作 AF 的垂直平分线，与长轴交于点 1，与短轴交于点 2。
(6) 以点 O 为中心在长轴上找点 1 的对应点 3，在短轴上找点 2 的对应点 4。
(7) 连接点 2、点 3，点 3、点 4，点 1、点 4。
(8) 以点 3 为圆心，$3B$ 为半径，画圆弧。
(9) 以点 1 为圆心，$1A$ 为半径，画圆弧。
(10) 以点 2 为圆心，$2C$ 为半径，画圆弧。
(11) 以点 4 为圆心，$4D$ 为半径，画圆弧。
(12) 擦掉辅助线，完成椭圆(蛋)形绘制。

椭圆(蛋)形手绘画法教学视频

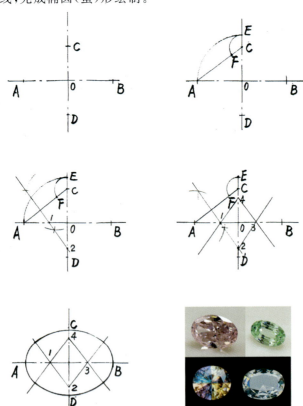

图 2-20　椭圆(蛋)形手绘画法及宝石产品

二、心形手绘画法

画法案例 2：30mm×30mm 心形画法步骤如图 2-21 所示。

(1) 画边长为 30mm 正方形 $a \times a$，画中心线 BB'。
(2) 在 BB' 上取一点 O，使 $BO=0.3a$。
(3) 过点 O 画 AA' 垂直于 BB'。
(4) 在 AA' 上找出 $AC=A'C'=BO$。
(5) 以点 C 为圆心，AC 为半径画圆。
(6) 以点 C' 为圆心，$A'C'$ 为半径画圆。
(7) 作 AB' 的垂直平分线与 AA' 交于点 2。
(8) 作 $A'B'$ 的垂直平分线与 AA' 交于点 1。
(9) 以点 1 为圆心，$1A'$ 为半径画 $A'B'$ 之间的圆弧。
(10) 以点 2 为圆心，$2A$ 为半径画 AB' 之间的圆弧。
(11) 擦去辅助线，完成心形绘制。

心形手绘画法
教学视频

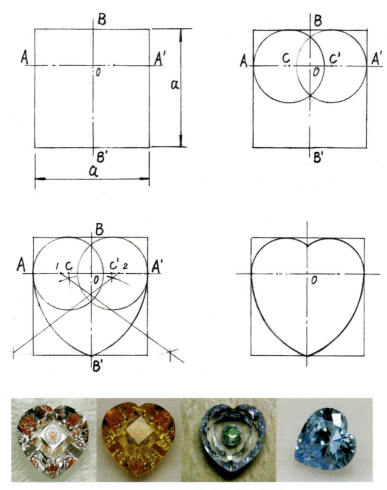

图 2-21　心形手绘画法及宝石产品

三、梨(水滴)形手绘画法

画法案例3：30mm×50mm 梨形(水滴形)画法步骤图，如图2-22所示。

(1)画出 30mm×50mm 长方形。
(2)作长方形宽度的中心线 BB'。
(3)在 BB' 上取一点 O，使 $OB=0.5a$。
(4)过点 O 作 AA' 垂直于 BB'。
(5)作 $A'B'$ 的垂直平分线与 AA' 交于点 C。
(6)作 AB' 的垂直平分线与 AA' 交于点 C'。
(7)以点 C 为圆心，CA' 为半径画 $A'B'$ 之间的圆弧。
(8)以点 C' 为圆心，$C'A$ 为半径画 AB' 之间的圆弧。
(9)擦去辅助线，完成梨(水滴)形绘制。

梨(水滴)形手绘画法教学视频

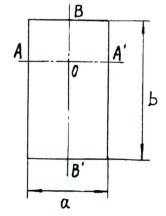
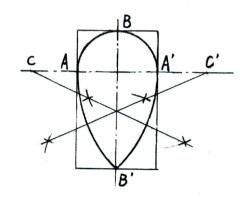
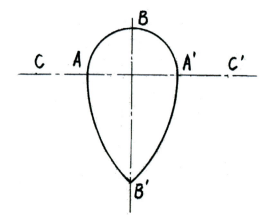

图 2-22 梨(水滴)形手绘画法及宝石产品

四、马眼形手绘画法

画法案例 4:30mm×60mm 马眼形画法步骤如图 2-23 所示。

(1) 画 30mm×60mm 长方形。
(2) 画中心线 AA′、BB′ 相交于点 O。
(3) 画 A′B′ 的垂直平分线与 BB′ 交于点 C。
(4) 以点 O 为原点作 OC=OC′。
(5) 以点 C 为圆心,过点 A、B′、A′ 画圆弧。
(6) 以点 C′ 为圆心,过点 A、C、A′ 画圆弧。
(7) 擦去辅助线,完成马眼形绘制。

马眼形手绘画法教学视频

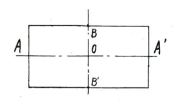 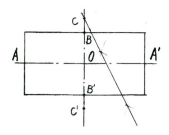

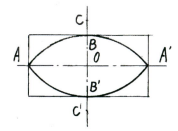 

图 2-23 马眼形手绘画法及宝石产品

五、肥三角形手绘画法

画法案例 5:肥三角形画法步骤如图 2-24 所示。

(1) 作等边三角形。
(2) 分别以等边三角形的 3 个顶点为圆心,边长为半径画辅助圆。
(3) 取等边三角形的两个顶点间的圆弧为肥三角的 3 个弧边。
(4) 擦去多余的辅助圆弧线,完成肥三角形绘制。

六、粽(肥方)形手绘画法

画法案例 6:粽(肥方)形的画法步骤如图 2-25 所示。

(1) 画辅助正方形,并作两条中心线相交于点 O。
(2) 中心线与正方形四条边相交呈 4 个点。

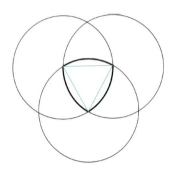 

图 2-24　肥三角形手绘画法及宝石产品

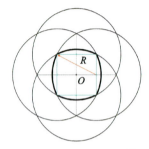 

图 2-25　棕(肥方)形手绘画法及宝石产品

(3)如图 2-25 所示,分别以 4 个点为圆心、R 为半径画 4 个辅助圆(R 为辅助正方形中一条边线中点到对边端点的直线距离)。

(4)取正方形的两个顶点间的圆弧为棕(肥方)形的 4 个弧边。

(5)擦去多余的辅助圆弧线,完成棕(肥方)形绘制。

七、六瓣、五瓣花形手绘画法

画法案例 7:六瓣花形画法步骤如图 2-26 所示。

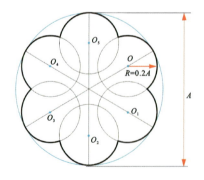 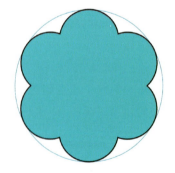

图 2-26　六瓣花形手绘画法

(1)画直径为 A 的辅助圆。

(2)在辅助圆上分成 6 等份并作辅助线。
(3)取 $R=0.2A$ 作 6 个圆点。
(4)在各辅助线上取 $R=0.2A$ 为半径画出 6 个辅助小圆。
(5)擦去多余的辅助圆弧线,完成六瓣花形绘制。
画法案例 8:五瓣花形手绘画法步骤如图 2-27 所示。

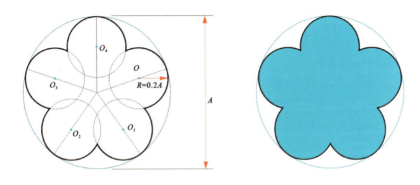

图 2-27　五瓣花形手绘画法

(1)画直径为 A 的辅助圆。
(2)在辅助圆上分成 5 等份并作辅助线。
(3)取 $R=0.2A$ 作 5 个圆点。
(4)在各辅助线上取 $R=0.2A$ 为半径画出 5 个辅助小圆。
(5)擦去多余的辅助圆弧线,完成五瓣花形绘制。

八、正方、长方、梯方手绘画法

正方、长方手绘画法如图 2-28 所示。

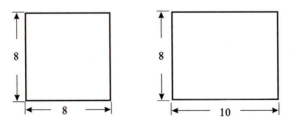

图 2-28　正方、长方手绘画法及宝石成品

梯方手绘画法如图 2-29 所示。

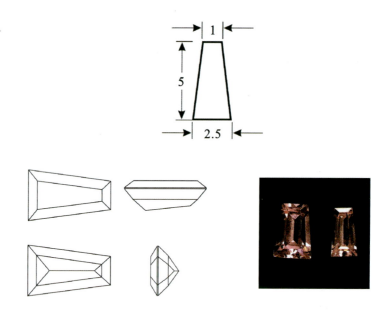

图 2-29　梯方尺寸、设计视图及宝石成品

九、标准圆钻型手绘画法

1. 标准圆钻型各部分名称（图 2-30）

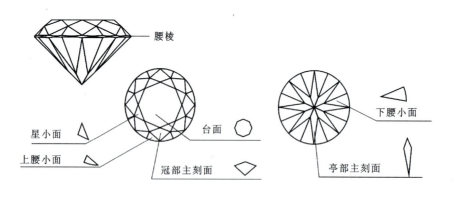

图 2-30　标准圆钻型各部分名称

2. 标准圆钻型手绘画法

画法案例 9：标准圆钻型冠部画法步骤如图 2-31 所示。

标准圆钻型手绘
画法教学视频

(1)将圆分成16等份(如图2-31顺时针标记数字)。

(2)在奇数等分点处沿圆心方向画出长为3/16R(R为半径)的线段。

(3)将1、5、9、13的圆心方向线段端点依次连接。

(4)将3、7、11、15的圆心方向线段端点依次连接,形成2个正方形,完成俯视图中上星小面绘制。

(5)将偶数点与3/16R圆心方向的线段端点按顺序连接,完成俯视图中下腰小面绘制。

(6)在俯视图正下方画侧视图,如图2-31所示,投影得到腰宽,总高占腰宽的60%,亭深占总高的2/3。

(7)将冠部俯视图相应的点投影在侧视图上。

(8)按照冠部俯视图对应的点连接,完成冠部侧视图的绘制。

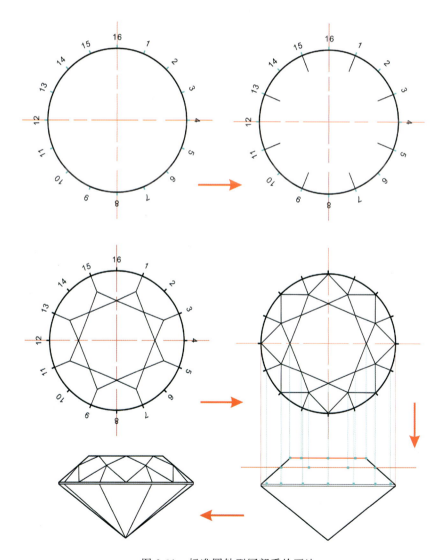

图2-31 标准圆钻型冠部手绘画法

画法案例10：标准圆钻型亭部画法步骤如图2-32所示。
(1)在侧视图下方画出等大的圆，将圆分成16等份(如图2-32顺时针标记数字)。
(2)过圆心连接奇数点，将圆分成8等份，完成下腰面在俯视图中的绘制。

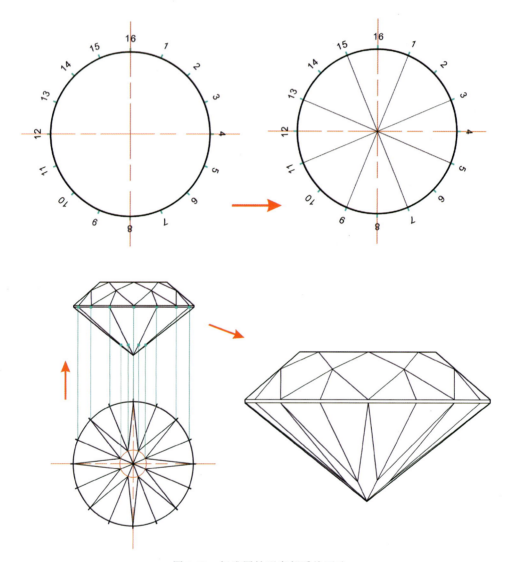

图2-32　标准圆钻型亭部手绘画法

(3)画半径为1/4R同心辅助圆。
(4)将辅助圆上8等份点与外圆偶数点相连，完成亭部主刻面在俯视图中的绘制。
(5)将亭部俯视图相应的点投影在上方侧视图上。
(6)按照亭部俯视图相应的点连接，完成亭部侧视图的绘制。

3. 标准圆钻型企业生产手绘图（图 2-33）

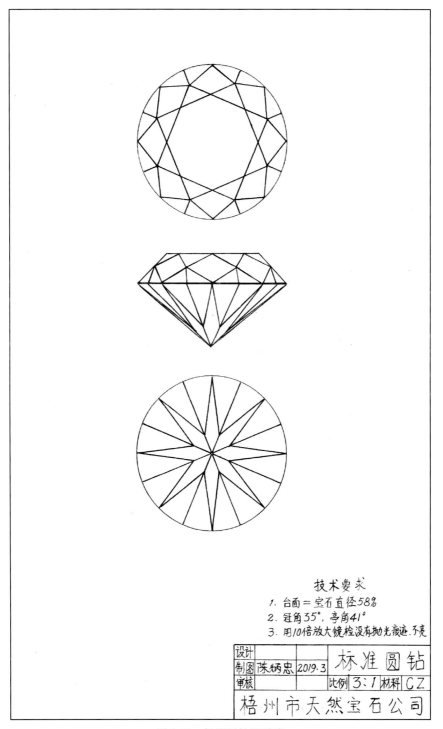

图 2-33　标准圆钻型手稿

十、蛋(椭圆)形琢型手绘画法

画法案例 11：蛋(椭圆)形琢型画法步骤如图 2-34 所示。

蛋(椭圆)形琢型手绘
画法教学视频

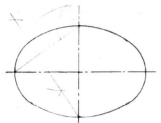
1. 用回心圆画法作 40 mm×60 mm 椭圆

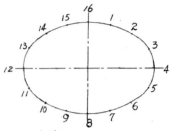
2. 在椭圆上等分 16 等份

3. 作奇数相邻两点垂直平分线，取短轴等分在线上量长度

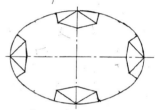
4. 取 2× 等作主刻面高度，画长轴短轴方向主刻面

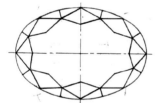
5. 作相邻主刻面垂直平分线，画出其余 4 个主刻面、下腰小面

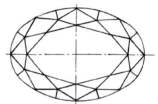
6. 画上星小面

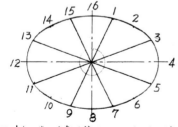
7. 过中心线画奇数连接线，取短轴 1/4 作辅助圆

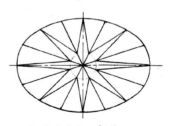
8. 画出亭部主刻面

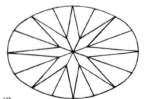
9. 擦去辅线、中心线

图 2-34　蛋(椭圆)形琢型手绘画法步骤

十一、祖母绿型手稿(图 2-35)

祖母绿型手绘
画法教学视频

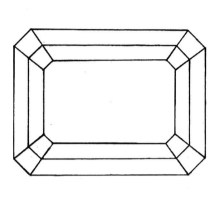

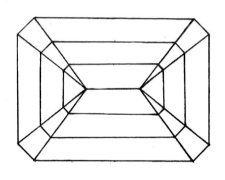

图 2-35 祖母绿型手稿

市场上常见宝石尺寸(表2-4)。

表2-4 常见宝石尺寸表   单位:mm

序号	名称	常用尺寸
1	标准圆钻型	0.8、1.5、2、2.5、3、3.5、4、5、6、7、8、9、10、11、12、13、15
2	蛋形	1.5×3、2×4、3×5、4×6、5×7、6×8、7×9、8×10、9×11
3	心形	2×2、3×3、4×4、5×5、6×6、7×7、8×8、9×9、10×10
4	梨(水滴)形	1.5×3、2×4、3×5、4×6、5×7、6×8、7×9、8×10、9×11
5	马眼形	1.5×3、2×4、2.5×5、3×6、4×8、5×10、6×12
6	祖母绿型(倒角或小八角)	1.5×3、2×4、3×5、4×6、5×7、6×8、7×9、8×10、9×11
7	正方形	1.5×1.5、2×2、2.5×2.5、3×3、4×4、5×5、6×6、7×7、8×8、9×9、10×10
8	长方形	1×2、2×3、2×4、3×5、4×6、5×7、6×8、7×9、8×10、9×11、10×12
9	梯形	2×1.5、1、2.5×1.5、1、3×1.5、1、3.5×1.5、1、4×2、1、5×2.5、1
10	肥三角形	2×2、3×3、4×4、5×5、6×6、7×7、8×8、9×9、10×10
11	棕(肥方)形	2×2、3×3、4×4、5×5、6×6、7×7、8×8、9×9、10×10
12	六瓣、五瓣形	4×4、5×5、6×6、7×7、8×8、9×9、10×10

第五节　宝石的角度及比例设计

刻面宝石的特殊光学效果主要体现在亮度和火彩两个方面,也是人为可控的两个因素。

一、亮度

亮度是指光线从宝石的下部小面反射而导致的明亮程度。

宝石的亮度与光的全反射密切相关,如图2-36所示。折射率越大,临界角越小。光线从宝石冠部折射进入宝石内部,当光线到达亭部刻面的入射角大于全反射临界角,且最后反射到冠部刻面的入射角小于临界角时,才能使光线最大限度地从宝石冠部返回射出,此时宝石亮度达到最高。当亭部主刻面角度(亭角)偏大或偏小时,都会使光从宝石亭部折射出去,导致光线损失(图2-37)。当冠部主刻面角度(冠角)偏大时,会造成冠部全反射,使光线不能从冠部折射出来(图2-38)。

由此可知,主要影响宝石全反射作用的是宝石的亭角及冠角。在宝石琢型的设计中,应根据宝石材料的折射率,计算合适的冠角与亭角,使宝石亮度达到最佳(表2-5)。

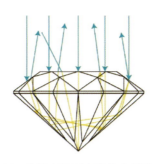

图 2-36　光线在宝石内部的全反射作用

亭角过小光线从亭部漏出　　亭角合适光线返回冠部射出　　亭角过大光线从亭部漏出

图 2-37　亭角变化对宝石光线的影响

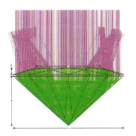
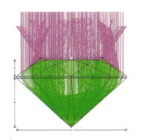
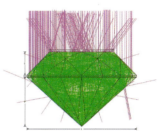

冠角过小从台面无光线折射出　　冠角合适光线均匀从冠部折射出　　冠角过大光线从亭部漏出

图 2-38　冠角变化对宝石光线的影响

表 2-5　宝石折射率与相应的亭角、冠角范围

折射率	临界角	亭主面角	冠主面角
1.40～1.60	45°36′～38°42′	43°～45°	40°～45°
1.60～1.80	38°42′～33°42′	39°～43°	37°～43°
1.80～2.00	33°42′～30°	41°～42°	35°～37°
＞2.00	＜30°	40°～41°	34°～35°

二、火彩

宝石的火彩是指刻面宝石因色散作用而呈现光谱色闪烁的一种光学现象。从宝石的自身情况来说,宝石的火彩与宝石材料的色散值有关,一般色散值越高火彩越强,还与宝石的颜色、透明度等有关,体色深的宝石会掩盖火彩的呈现,透明度差的宝石会减弱火彩(图2-39)。

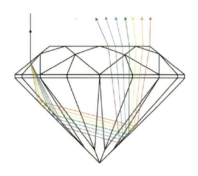

图 2-39　宝石火彩的形成

白光从宝石冠部折射进入宝石内部,由于各光谱组成色的折射率不同,经过多次反射作用,各光谱组成色被分解开,最后从冠部折射出来,显示火彩。宝石的火彩与冠角密切相关,当冠角较大时火彩较强,当冠角较小时火彩较弱(图2-40)。

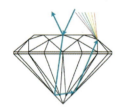

图 2-40　冠角对宝石火彩的影响

火彩和亮度都与宝石的全反射作用有关。宝石的亮度与火彩是一对矛盾体,在宝石琢型设计中,需根据宝石材料的特点,确定合适的切磨比例,使宝石的亮度与火彩达到最佳(表2-6)。

表 2-6　常见宝石适宜的亭角与冠角

宝石材料	折射率	色散	临界角	亭角	冠角
金刚石	2.417	0.044	24°26′	41°	33°
合成立方氧化锆	2.15~218	0.060	27°31′	41°	35°
锆石	1.810~1.984	0.038	32°02′	41°	35°
石榴石	1.710~1.940	0.022~0.028	35°05′	42°	37°
刚玉	1.762~1.770	0.018	34°37′	42°	37°
金绿宝石	1.746~1.755	0.015	34°56′	42°	37°

续表 2-6

宝石材料	折射率	色散	临界角	亭角	冠角
尖晶石	1.718	0.020	35°36′	42°	37°
橄榄石	1.654~1.690	0.020	37°18′	39°	43°
长石	1.518~1.573	0.012	37°18′	39°	43°
电气石	1.642~1.644	0.017	38°01′	40°	43°
磷灰石	1.634~1.638	0.013	37°45′	39°	43°
黄玉	1.619~1.627	0.014	37°50′	40°	43°
绿柱石	1.577~1.583	0.014	39°13′	42°	42°
石英	1.544~1.553	0.013	40°20′	43°	42°

第六节 刻面宝石琢型设计

目前宝石加工行业里没有标准的石坯参数，石坯的外形千奇百怪，这为后期的宝石加工带来很多问题，特别是近年来全自动宝石机在宝石生产中飞速发展，石坯的标准化问题显得尤为突出。

一、圆形琢型宝石设计案例

1. 小规格宝石的设计

小规格宝石是指直径2.5mm以下的宝石。这种宝石在首饰里面都是做伴石（卫星石），是作为绿叶来衬托主石的，所以这种宝石的设计以简单为好。常见小宝石设计实如图2-41所示。以下三种琢型在合金首饰的设计里面常用。

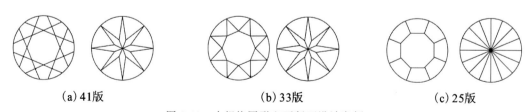

(a) 41版　　　　　(b) 33版　　　　　(c) 25版

图2-41 小规格圆形宝石版面设计案例

2. 中规格宝石的设计

直径3~8mm的圆形宝石是中规格宝石，如图2-42所示。

图 2-42　中规格圆形宝石版面设计案例

3. 大规格宝石的设计

直径在 8mm 以上的宝石是大规格宝石。大规格宝石其直径愈大,刻面数愈多,但都是在亭部加刻面,如图 2-43 所示。

图 2-43　大规格多刻面圆形宝石版面设计案例

4. 其他规格宝石的设计

(1)八心八箭。所谓的八心八箭其实就是明亮琢型圆形宝石。主要设计要领是亭部下腰小面、主刻面分别跟冠部上腰小面和主刻面一一对应(接线全对上),角度要刚适合,要在指定焦距的透镜下能看出八心八箭,如图 2-44 所示。

八心八箭是光学上的成像原理,与后面讲述的九心一花、16 箭 16 花的原理是一样的。

图 2-44　八心八箭

(2)九心一花、16 箭 16 花如图 2-45 所示。

图 2-45　九心一花、16 箭 16 花

(3)11基圆形、13基圆形。我们平时常见的圆形(明亮形)是基于8版的基础上展开的,我们把它称为8基圆形,下面的琢型分别是11基圆形、13基圆形琢型(图2-46,图2-47)。

设计思路:光在宝石内部折射时,从某一刻面折射到对面刻面,有两刻面接收到过来的光线,其表现出的亮度比对称刻面的效果要好。

图2-46　11基圆形　　　　　　　　　　　图2-47　13基圆形

(4)其他圆形款式设计。有一些宝石材料,它的外形尺寸较大,但比较薄,如果按照以往的琢型肯定漏光,达不到保重的效果。在设计时,只要改变一下冠部的琢型,让进入宝石内部的光线改变,就能达到较理想的效果(图2-48)。

图2-48　其他圆形款式设计

二、正方形琢型宝石设计案例

1. 小规格正方形琢型

2.5mm×2.5mm以下的正方形定义为小规格正方形琢型,这种琢型大部分作为辅石,刻面相对简单,如图2-49所示。

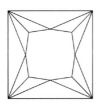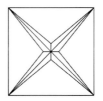

图2-49　小规格正方形琢型

2. 中规格正方形琢型

3mm×3mm～7mm×7mm 的正方形属于中规格正方形琢型(图2-50)。其琢型设计一般分三种：公主方形、圆尖底形、平行刻面形。其中公主方形表现力较丰富，圆尖底形表现较规律，平行刻面形表现的是古典、素雅等。

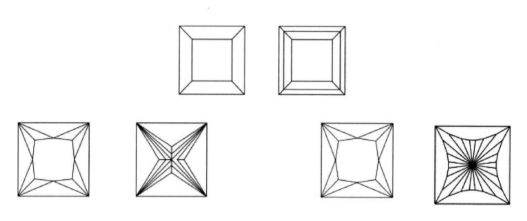

图 2-50　中规格正方形琢型

3. 大规格型正方形琢型

8mm×8mm 以上的正方形属于大规格正方形琢型，需要增加版位。加版位有以下两种方式。

(1) 在腰线上、下(冠部或亭部)加一层平行于腰线的小刻面，如图 2-51 所示。

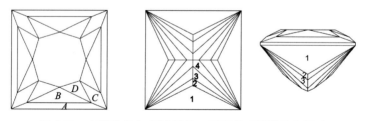

图 2-51　在腰线的上、下各设计一层平行于腰线的小刻面

(2) 在原有的基础上加版位，如图 2-52 所示。因为宝石太大，相应的刻面也大，加版位可把原来的琢型丰富起来，增加宝石的闪烁效果。

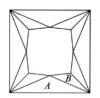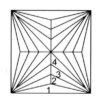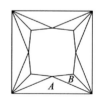

图 2-52　在原有的基础上增加版位(刻面)

三、椭圆形琢型宝石设计案例

1. 钻式琢型

8mm×8mm 规格以下的椭圆形宝石称为钻式琢型。常见的两种钻式琢型如图 2-53 所示。

图 2-53　椭圆形钻式琢型两种设计效果

2. 大规格椭圆形琢型

8mm×10mm 以上的规格可划为大规格椭圆形琢型,其琢型如图 2-54 所示。

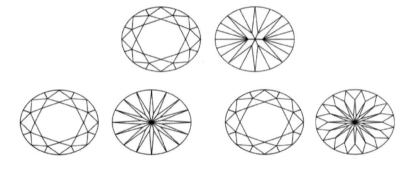

图 2-54　大规格椭圆形琢型设计

四、马眼(橄榄)形琢型宝石设计案例

1. 小规格马眼形琢型

3mm×5mm、2mm×4mm、2.5mm×5mm 的琢型是小规格马眼形琢型,在首饰里面大部分都是做辅石,其琢型如图 2-55 所示。

图 2-55　小规格马眼形琢型

2. 中规格马眼形琢型

3mm×6mm～4mm×8mm 的琢型是中规格马眼形琢型,其设计特点是在小规格的基础上增加刻面,如图 2-56 所示。

亭部加版的中规格马眼形琢型　　　　规格再大、再加版的马眼形琢型

图 2-56　中规格马眼形琢型

五、梨形琢型宝石设计案例

1. 小规格梨形琢型

3mm×5mm 以下的琢型是小规格梨形琢型,也是做辅石。琢型如图 2-57 所示。

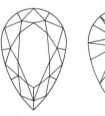

图 2-57　小规格梨形琢型

2. 中规格梨形琢型

4mm×6mm 以上的琢型是中规格梨形琢型,是在小规格的基础上增加刻面,刻面的多少视尺寸的大小而定,其变化不大,如图 2-58 所示。

图 2-58　中规格梨形琢型

六、心形琢型宝石设计案例

心形琢型的变化空间不大。要改变的话,可参照梨形琢型在亭部非主面处增加刻面,如图 2-59 所示。

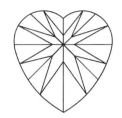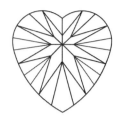

图 2-59　心形琢型在亭部非主刻面处增加刻面

七、长方形倒角琢型宝石设计案例

长方形倒角以祖母绿琢型为典型,该琢型显示出一种古典的气质。长方形倒角在造型设计方面和正方形倒角相类似,长方的刻面变化更丰富,如图 2-60 所示。

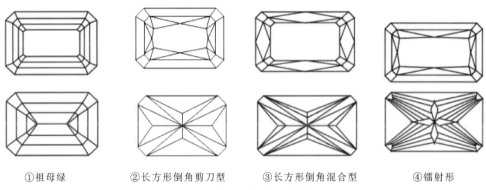

①祖母绿　　②长方形倒角剪刀型　　③长方形倒角混合型　　④镭射形

图 2-60　长方形倒角设计案例

课后思考题

1. 具强多色性的宝石应怎么定向?
2. 简述宝石星光效应的形成机理。
3. 宝石的冠角、亭角对宝石亮度及火彩有什么影响?
4. 宝石制图为什么用国家标准?在生产上如何用国家标准设计制图。
5. 宝石设计常用的几何作图有几种?在画法上有什么相同点,在生产上如何应用?
6. 描述标准圆钻画法的步骤,标准圆钻画法要注意什么问题?
7. 描述祖母绿型画法的步骤,祖母绿型画法要注意什么问题?
8. 描述椭圆形琢型画法的步骤,椭圆形琢型画法要注意什么问题?
9. 总结国内、外流行的七种常见刻面宝石设计的规律。

第三章　宝石加工常用磨料及磨具

> **技能要求**

【初级工】1.磨料在宝石加工中的应用；2.宝石加工常用磨料的分类；3.磨料的基本性能。
【中级工】1.磨料的选择原则；2.宝石加工各种磨轮、磨具的选择。
【高级工】1.宝石加工常用磨具设计；2.宝石抛光盘的应用；3.根据不同的宝石材料合理选择抛光粉。

第一节　宝石加工常用磨料

一、磨料的基本性能

磨料是在磨削、研磨和抛光中起作用的材料。供磨削、研磨或抛光宝石使用的颗粒状或粉末状的物料统称为磨料。

磨料是构成磨具的主要原料,磨料是具有颗粒形状和切削功能的天然或人造材料,磨料应具备以下基本性能。

（1）硬度——材料局部抵抗硬物压入其表面的能力。在磨削过程中,磨料的硬度越大,磨料的颗粒越容易切削宝石,如表3-1所示。

表3-1　宝石加工常用各种磨料的硬度

名称	显微硬度	摩氏硬度
天然金刚石	比人造金刚石略高	10
人造金刚石	86 000~106 000	10
棕刚玉	19 600~21 600	9.0~9.2
锆刚玉	14 700	9.0~9.2
绿碳化硅	31 000~34 000	9.2~9.3
碳化硼	40 000~45 000	9.3~9.5
立方碳化硼	73 000~100 000	接近10
铬刚玉	21 600~22 600	9.0~9.3

宝石加工中对磨料硬度的划分如下。

软质磨料:摩氏硬度 1~5(白垩)。

中硬磨料:摩氏硬度 6~7(玛瑙粉、氧化铁)。

高硬磨料:摩氏硬度 8 至小于 10(碳化硅、碳化硼)。

超硬磨料:摩氏硬度 10 至接近 10(金刚石、立方碳化硼)。

(2)韧性——磨料颗粒坚韧而不破碎的性能。

(3)强度——指材料抵抗破坏的能力。磨料颗粒承受机械作用力的能力,抗压强度越高,磨削性能好。

(4)热破碎性能——磨料颗粒在热应力的作用下产生破碎的现象。

(5)化学稳定性——磨料颗粒在化学反应下降低或丧失切削能力。

(6)均匀性——指同一种规格磨料颗粒大小均匀的程度。如图 3-1 所示颗粒形态不均匀对研磨的影响。

(7)自锐性——磨料颗粒破碎后仍具有新的锋棱和刃端。

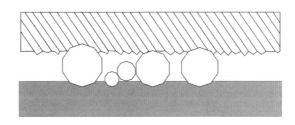

图 3-1 颗粒形态不均匀对磨削的影响

二、磨料的分类

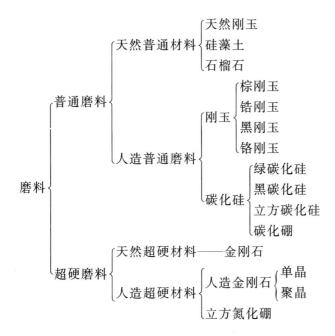

三、宝石加工中常用的磨料

磨料用颗粒尺寸来表达它的型号,颗粒尺寸大表示磨料粗,粗磨料加工出的宝石表面粗糙;颗粒尺寸小表示磨料细,细磨料加工出的宝石表面光滑。宝石加工中常用的磨料型号如表3-2所示。

表3-2 宝石加工中常用的磨料型号

粒度分类	日本(JIS6002.63)		中国(GB 1182-71)	
	粒度号	颗粒尺寸(μm)	粒度号	颗粒尺寸(μm)
磨粒	46#	420~350	46#	400~315
	60#	290~250	60#	315~250
	70#	250~210	70#	250~200
	80#	210~177	80#	200~160
	90#	177~149		
	100#	149~125	100#	160~125
	120#	125~105	120#	125~100
	150#	105~88	150#	100~80
	180#	88~73	180#	80~63
	220#	73~63		
	240#	63~53	240#	63~50
	280#	53~44	280#	50~40
微粒	320#	44~37	W_{40}	40~48
	400#	37~34		
	500#	34~28		
	600#	28~24	W_{28}	28~20
	700#	24~20		
	800#	20~16	W_{20}	20~14
	1000#	16~13		
	1200#	13~10	W_{14}	14~10
	1500#	10~8	W_{10}	10~7
	2000#	8~6	W_7	7~5
	2500#	6~5		

续表 3-2

粒度分类	日本（JIS6002.63）		中国（GB 1182-71）	
	粒度号	颗粒尺寸（μm）	粒度号	颗粒尺寸（μm）
微粒	3000#	5～4	W_5	5～3.5
	4000#	4～3		
			$W_{3.5}$	3.5～2.5
			$W_{2.5}$	2.5～1.5
			$W_{1.5}$	1.5～1
			W_1	1～0.5
			$W_{0.5}$	≤0.5

第二节　宝石加工常用磨料的作用

磨料是宝石加工中重要的材料，磨料是能够进行磨削加工的主体材料，在宝石加工中磨料的选择和质量好坏直接影响加工的效率和质量。宝石加工中磨料的作用如下。

一、磨料可制作各种不同的宝石加工工具

（1）磨轮垂直在不同的钢轮外圈上，用电镀磨料方法可以制成各种不同类型或不同形状的磨轮、磨盘对宝石磨削，如图 3-2 所示。

图 3-2　磨轮

（2）在金属圆片基体外圈上用电镀磨料方法可以制成各种不同尺寸的锯片对宝石进行切割，如图 3-3 所示。

（3）将磨料粘黏在专用的布、皮革等材质上制作成砂纸，如图 3-4 所示。

图 3-3　锯片　　　　　　　　图 3-4　40～2000目各种型号砂纸

二、磨料对宝石直接加工

(1)磨料在振动抛光机内可以对宝石进行研磨和抛光。将适量待加工的宝石与磨料放入到震桶内,启动机器震动使宝石与磨料产生摩擦力,达到研磨和抛光作用(图3-5)。

(2)磨料可以涂附在抛光轮上对宝石进行研磨和抛光。将待加工的宝石与涂附在磨料的抛光轮接触产生摩擦,达到研磨和抛光作用(图3-6)。

图 3-5　振动抛光机　　　　　图 3-6　抛光布轮

第三节　宝石加工常用磨具

磨具是将不同粒度的磨料用结合剂与模具粘黏制作成不同的形状和尺寸,并用于磨削、研磨、抛光的工具,且有一定强度和刚度。

宝石加工中磨具主要分为固结磨具和涂附磨具。

固结磨具主要为锯片、金刚石磨轮、金刚石磨盘、金刚石磨头、砂纸等。

涂附磨具主要为抛光盘、抛光布轮、抛光粉及抛光膏等。

一、固结磨具

1.锯片

它由在金属片外径的基体圈上电镀磨料的方法制作而成。

宝石常用锯片规格:110mm、150mm、200mm、300mm、400mm、500mm。锯片厚度0.18～3mm,如图 3-7 所示。

2. 金刚石磨轮

1) 弧形轮

在宝石表面磨出的形状是弧面形则称弧形轮,是在弧形金属轮的外径表面镀上金刚砂磨料制作而成。根据产品形状设计的弧形轮如图 3-8 所示。

图 3-7　各种规格锯片　　　　图 3-8　根据产品形状设计的弧形轮

2) 直线轮

在宝石表面磨出的形状是直线形的称直线轮,直线形金属轮由外径表面镀上金刚砂磨料制作而成。图 3-9 为磨轮(或圈石轮)。

生产上磨轮的选择:磨轮上的磨料颗粒越粗,对宝石磨削效率越高,但加工表面越粗糙。

按磨料颗粒粗细分,有粗磨轮、中粗磨轮、细磨轮。粗磨轮 60～180♯;中粗磨轮 220～320♯;细磨轮 400～600♯。按轮的直径大小分 50～150♯,按轮的厚度分 5～50♯。

图 3-9　磨轮

3. 金刚石磨盘

金刚石磨盘是在圆形金属片基体的表面上电镀金刚石磨料制作而成。磨盘上的磨料颗粒越粗,对宝石磨削效率越高,加工表面也越粗糙。市场上的金刚石磨盘品种主要有以下几种。

(1)普通金刚石磨盘:厚度1.5~2mm,分粗砂盘120~180♯ 之间,中砂盘220~320♯,细砂盘400~800♯,特细砂盘1000~2000♯,如图3-10所示。

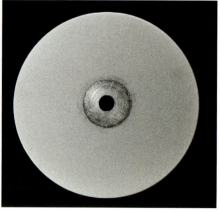

图3-10　普通砂盘(左粗砂盘、右特细砂盘)

(2)鸳鸯金刚石磨盘:为了提高加工效率,减小宝石加工过程的反盘次数,在一个基体上将320♯粗磨料镀在砂盘外圈,1000♯细磨料镀在砂盘内圈做成鸳鸯砂盘,如图3-11所示。

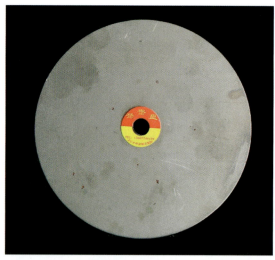

图3-11　鸳鸯砂盘

(3)金刚石圆珠盘:根据加工宝石的尺寸大小在金属盘的基体上做出凹坑,并电镀上金刚石磨料制作而成。图3-12为不同尺寸凹坑金刚石圆珠盘,图3-13为金刚石圆珠盘加工实例。

4.金刚石磨头

在不同形状、大小的金属基体上电镀金刚石磨料,可用于宝石雕刻。根据设计图案要求制作各种形状的磨头(图3-14)。

图 3-12　不同尺寸凹坑金刚石圆珠盘

 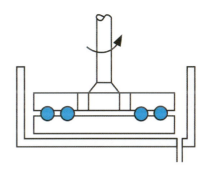

图 3-13　金刚石圆珠盘加工实例

图 3-14　各种形状的金刚石磨头

5.砂纸

砂纸在宝石加工的主要作用是研磨、抛光、修盘。

(1)砂纸的种类有:金刚砂纸、人造金刚砂纸、玻璃砂纸等。另外,根据砂纸耐水性强弱可以将砂纸简单分为干磨砂纸和耐水砂纸两大类,并需兼备干磨、耐水两种性能。宝石加工中常用的砂纸是金刚砂纸、刚玉砂纸。

(2)常用型号:150♯、280♯、320♯、400♯、500♯、600♯、800♯、1000♯、1200♯、1500♯、2000♯[数字代表的是粒度,粒度是指 1in×1in(1in=2.54cm)的面积内所含的颗粒数],如图3-15所示。

图 3-15　各种型号砂纸

6.磨具在生产上的应用

磨具的选择原则如表3-3所示。
(1)根据宝石加工尺寸大小。
(2)根据宝石形状及长度。

表 3-3　各种磨具在生产上的应用

	粗	中	细	特细	常用尺寸	
					直径	厚(mm)
圈石轮	60~180♯	220~320♯	400~600♯		ℂ50~ℂ150	5~50
砂盘	60~180♯	220~320♯	400~800♯	1000~2000♯	ℂ150~ℂ500	厚1.5~5
	圈大石坯	圈小石坯				
	磨ℂ10以上宝石	磨ℂ4~ℂ10宝石	磨ℂ3~ℂ4宝石	磨ℂ2~ℂ3宝石		

二、涂附磨具

抛光是宝石加工中最重要的一个环节,宝石的闪烁强度是对抛光质量的体现。一个抛光完美的宝石能闪现耀眼的光彩。原则上宝石的抛光与抛光盘材料的选择没有多大关系,但与刻面棱的尖锐程度有很大关系。

1. 硬质抛光盘

硬质抛光盘是指具有一定硬度的合金浇铸而成的抛光盘,刻面宝石加工中常用的硬盘品种有:铸铁盘,常用于抛光钻石或各种高硬度宝玉 如图 3-16 所示;复合抛光盘,外环铸铁、内环用多种合金铸造而成的抛光盘,常用于抛光各种高硬度宝石,如图 3-17 所示;锌合金盘,常用于抛光各种硬度宝石,硬度大于 7 以上,如图 3-18 所示;铅锡合金盘(绿粉抛光盘),常用于抛光硬度 7 以下的宝石,例如抛光水晶、玛瑙等,如图 3-19 所示;紫铜盘,常用于抛光红、蓝宝石,如图 3-20 所示;金刚石磨料树脂结合剂抛光盘,如图 3-21 所示。

图 3-16 铸铁盘

图 3-17 复合抛光盘

图 3-18 锌合金盘

图 3-19 铅锡合金盘

图 3-20 紫铜盘

图 3-21 金刚石磨料树脂结合剂抛光盘

金刚石磨料树脂结合剂抛光盘特点如下。

(1)金刚石磨料混合在树脂结合剂里,抛光宝石时不需要涂抹抛光磨料,使用时用水冷却,同时达到冲走抛光残渣的作用。

(2)与普通抛光盘相比抛光宝石时不需要添涂抛光粉,这种抛光盘可以加快自动化宝石加工的效率,常用在宝石自动研磨机上。

(3)缺点是不能抛光出 2A 级以上的宝石。

2. 中硬度抛光盘

用中硬度材料制作的抛光盘,常用在抛光硬度小于 6 的宝石,抛光效率高,但宝石刻面棱角不尖锐。常见的中硬度抛光盘有有机玻璃盘(图 3-22)、塑料盘(图 3-23)、木头盘(图 3-24)。

图 3-22　有机玻璃盘　　　　图 3-23　塑料盘　　　　图 3-24　木头盘

3. 软质抛光盘

用软质材料制成的抛光盘。特别适合抛光弧面型的宝石,对刻面棱角不要求尖锐的宝石硬质材料作机泵黏接,例如用软盘抛光玻璃,抛光效率会大大提高。毛毡盘如图 3-25 所示,皮革盘如图 3-26 所示,帆布盘如图 3-27 所示,聚酯盘如图 3-28 所示。

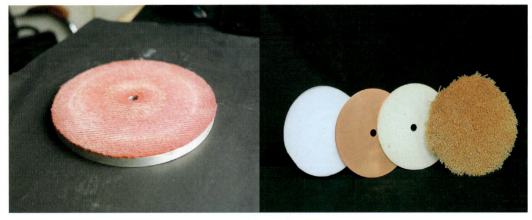

图 3-25　毛毡盘

图 3-26　皮革盘　　　　　图 3-27　帆布盘　　　　　图 3-28　聚酯盘

三、抛光粉及抛光膏在涂附磨具中的应用

所有极精细的磨料均可作抛光粉使用,抛光膏是用抛光粉和凡士林等材料混合配制而成,宝石加工分粗抛光和精抛光,$W_5 \sim W_{3.5}$ 磨料用作粗抛光,$W_{2.5}$ 以下用作精抛光,如图 3-29 所示为抛光粉和抛光膏。抛光粉的种类很多,可以按照不同的加工材料进行选择,使用范围和使用性能如表 3-4 所示。

图 3-29　抛光粉及抛光膏

表 3-4　常用宝石抛光粉种类及用途

名称	化学成分	适用范围
天然金刚石粉	C	硬度最高,加工钻石
人造金刚石粉	C	硬度略比天然低,所有宝石的抛光
氧化铬　　绿粉	Cr_2O_3	翡翠、水晶、绿松石、孔雀石、各种玉石、祖母绿、月光石、石榴石
氧化铝　　红宝粉	Al_2O_3	硬度较低宝石抛光
氧化铈	Ce_2O_3	水晶、橄榄石、海蓝宝石、碧玺、萤石、玻璃、石榴石、玛瑙
二氧化硅　硅藻土	SiO_2	红宝石、蓝宝石、海蓝宝石、珊瑚、琥珀
氧化铁　　红丹	Fe_2O_3	低档宝石、玻璃

第四节　宝石加工常用磨具的设计

单粒宝石外型加工采用纯手工生产。大批量生产需要用半自动定型机并配合定型轮生产，磨轮外径的曲线就是生产产品的外形曲线，如图 3-30 所示。各种外形的生产实例见图 3-31～图 3-33。圆珠盘根据圆珠大小设计（常用圆珠尺寸 1～10mm），如图 3-34 所示。

图 3-30　各种形状的定型轮

图 3-31　五星轮的设计

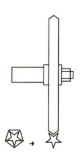

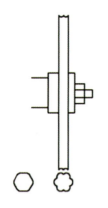

图 3-32　梅花轮的设计

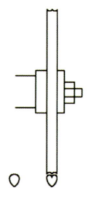

图 3-33　心形轮的设计

图 3-34　圆珠盘设计

课后思考题

1. 刻磨 20mm 的宝石与刻磨 5mm 的宝石选择的磨盘一样吗？
2. 抛光刻面宝石抛光盘的选择原则是什么？
3. 宝石加工如何选择磨料？
4. 宝石加工如何选择磨具？
5. 宝石加工磨具设计原则是什么？
6. 抛光粉粗细如何区分？它们的抛光效果是否一样？

第四章　宝石材料的切割

技能要求

【初级工】1.金刚石锯片切割原理；2.宝石材料切割方法及设备；3.宝石材料切割锯片品种及选择；4.宝石加工常用的测量工具及使用方法。

【中级工】1.宝石切割尺寸的计算；2.圆柱坯的切割原理及技术；3.三角坯的切割原理及技术。

【高级工】1.天然宝石材料切割技术；2.圆珠坯的切割原理及技术；3.三种坯型的特点及应用范围。

第一节　金刚石锯片切割原理

天然宝石加工工艺：劈裂法和切割法去除裂隙杂质—下料切割—围型—粘石—刻磨抛光冠部—反石—刻磨抛光亭部—抛光腰围—清洗包装入库。

人工宝石加工工艺：下料切割—围型—石坯抛光（抛光腰围、台面）—粘石—刻磨抛光冠部—反石—刻磨抛光亭部—清洗包装入库。

从天然宝石和人工宝石的加工工艺可知，原材料采购回来后，下料切割是第一道工序，宝石加工过程中的切割（俗称开料），是指镀金刚石锯片把宝石原材料按设计或客户要求制作成具有一定形状的石坯，这种切割的实质是将大料分割成小料，并去除杂质或裂隙，工艺上称为切割。

一、固结磨料的切割原理

1.金刚石锯片的结构（图4-1）

根据金刚石锯片的结构可知，它是把金刚石磨粒黏结在金属锯片基体的外环上，其原理相当于薄型金刚石砂轮片，锯片上的金刚石硬度和耐热性很高，每一颗金刚石颗粒都可看作一个小锯齿，整个锯片度金刚石层则可以看作是一种具有无数锯齿的多刃刀具。

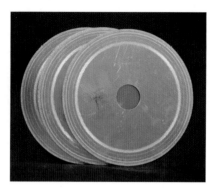

图 4-1　金刚石锯片

2. 金刚石锯片切割原理

金刚石锯片工作时,刀片周围表面或端面上的金刚石颗粒,在电机带动锯片高速旋转与宝石材料接触时,随着进给力作用磨粒紧靠宝石材料,使两者受挤压并发生变形。当磨粒施加的作用力超过宝石原料分子之间的结合力时,会将部分宝石切屑从整块材料上分离下来,整个过程是一种"耕犁"作用,切下细微的切屑,在水的参与下被冲走,完成整个切割过程。

3. 宝石切割刀片使用注意事项

(1) 为什么切割宝石材料时要用冷却液?

切割时在磨削区平均温度 400℃ 以内,磨粒与宝石接触温度 1000~2000℃,使局部形成相当大的热应力,宝石切割时,冷却不好有火花出现,对于脆性的宝石材料会出现裂纹,在切削时,磨粒通过切削区时,高温高压的接触比压,会使宝石屑粒黏附在磨粒上,使切割刀片堵塞,黏附严重时,会使切割锯片很快失去切削能力,致使宝石出现裂纹。为了减少黏附作用必须正确选择和使用冷却液。

(2) 为什么新锯片切割效率比旧锯片快?

由于锯片上磨粒排列高低不一致,新锯片磨粒较锋利,切割一段时间后磨粒的棱角损耗变钝,钝化后的磨料不利于切削,吃刀深度很浅,只能在宝石材料表面刻划出凹痕。

二、散粒磨料切割原理

散粒磨料切割与固定磨料切割的切割原理是一样的,不同之处在于散粒磨料切割锯片基体上没有压入磨料,利用锯片旋转将刀齿上黏附在料槽内的磨料带到切割部位。用散粒磨料切割宝石时,磨料黏附在铁皮锯片上压向宝石表面,使宝石表面在磨料的"耕犁"作用下形成小碎块,磨料继续运动过程中,在水的参与下,将这些碎块从宝石"挖起"并"推走",完成切割过程。

这种切割方法在钻石的切割加工中还在应用,它的优点是锯片很薄,切口小,从而节约原材料。因切割效率太慢,天然宝石和人造宝石切割已经不再使用此方法。

第二节 天然宝石材料切割技术

天然宝石材料或人造宝石材料在切磨前都有共同点,需要经过切割,把大块的材料切割成客户设计的要求尺寸或根据订单开料切割,天然贵重的宝石特点要以尽大和去除杂质为目的进行切割,通过一定的切割技能加工出宝石形状的粗坯料。

一、宝石材料切割方法

宝石原料中如果有解理或裂隙在加工前要去除,不去除裂隙和解理在宝石产品加工过程中会出现如下情况,在冲坯或围型中因受力而裂开,在粘石加热过程中裂开,在刻磨加工过程中摩擦受热而裂开,在加工过程中磕碰而裂开,在清洗过程中裂开。

1. 劈裂法

解理、裂理的处理方法——沿裂隙或解理方向用尖头锤敲击或用楔型刀和锤敲击,如图4-2所示。

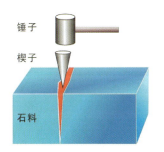

图 4-2 劈裂法

2. 切割法

切除解理、气泡杂质和初成型的方法——常用金刚石锯片,如图4-3所示。

二、宝石切割的目的

(1)在宝石加工前要设法将其按原有裂隙方向切割出无裂隙的若干小块才能设计和加工,如图4-4所示。

(2)将解理、裂纹和气泡杂质切除,留下必须干净无杂质和气泡的坯料。去除杂质切割原理如图4-5所示。

(3)按设计形状,去掉一些不必要的部分,并切割出合格的坯料尺寸。去除边角料切割原理如图4-6所示。

(4)利用天然石内含物设计并切割出有特色的工艺品,如图4-7所示。

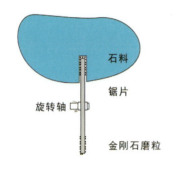

图 4-3　切割法　　　　　图 4-4　切割若干小块

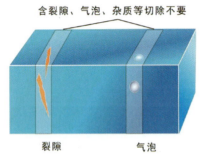

图 4-5　去除杂质切割原理

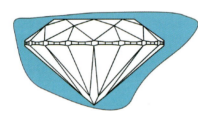
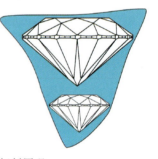

图 4-6　去除边角料切割原理

图 4-7　天然金红石内含物自然美的切割

第三节　常用的宝石切割设备

一、单锯片宝石切割机

1. 单锯片切割机及原理图（图 4-8）

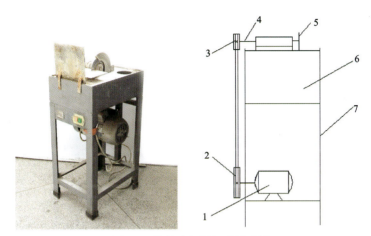

图 4-8　单锯片切割机及原理图
1.电动机；2.大皮带轮；3.小皮带轮；4.主轴；5.金刚石锯片；6.水箱；7.机架

2. 设备结构及原理

设备动力由安装在机架(7)上的 250W、2800r/min 的电动机(1)输出，电动机(1)上的大皮带轮(2)通过三角皮带传动带动主轴(4)上的小皮带轮(3)转动，在皮带轮变速下，主轴转速达到 5600r/min。主轴另一端安装一片金刚石锯片(5)，主轴(4)通过主轴套安装在水箱(6)的面板上，水箱(6)的面板上还安装有防水罩及切石机工作台。切料时原料放在工作台上往锯片方向推进。

3. 设备适用范围

单锯片切割机设备适合 30mm 以下单粒宝石切割。

二、多锯片宝石切割机

1. 多锯片宝石切割机及原理图（图 4-9）

2. 设备结构及原理

多锯片切割机与单锯片切割机不同之处在主轴③安装锯片的轴头长度加长，加长尺寸视

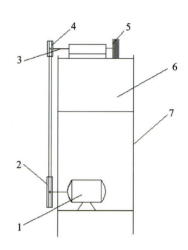

图 4-9　多锯片宝石切割机及原理图

1.电动机；2.大皮带轮；3.小皮带轮；4.主轴；5.多刀金刚石锯片；6.水箱；7.机架

切料长度设计。每锯片间有一垫片，垫片厚度决定切料宽度。

3.设备适用范围

多锯片切割机适合自动化切割生产大批量宝石产品。

在设备安装锯片自动进料机构可完成片料自动切割，在设备安装切条、切粒自动进料机构可完成宝石的切条、切粒。

三、大锯片宝石切割机

1.设备结构及原理（图 4-10）

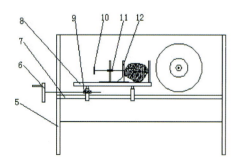
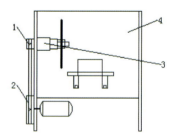

图 4-10　大锯片切割机及原理图

1.小皮带轮；2.大皮带轮及电动机；3.主轴；4.水箱；5.机架；6.手轮；7.平行圆柱导轨；8.工作台；9.螺杆；10.手柄；11.夹料螺杆；12.夹料钳

同单锯片切割机原理类似。不同之处：大锯片切割机切的是大块原材料，动力输入要求大。动力由安装在机架(5)上550W、转速1400r/min的电机输出,电机轴头上安装有大皮带轮(2),通过三角皮带带动小皮带轮(1)转动。小皮带轮(1)安装在主轴(3)的一端,另一端安装锯片,主轴(3)通过轴承座安装在水箱(4)侧面,水箱(4)焊在机架(5)上,水箱上还安装有两条平行圆柱导轨(7),平行导轨(7)上安装有工作台(8),通过螺杆(9)和手轮(6)带动工作台(8)前后移动。工作台(8)上还安装有夹料钳(12)通过夹料螺杆(11)和手柄(10)夹紧原材料。

该设备有手动进料式和自动进料式两种。

2.设备适用范围

本设备适合50～200mm宝石材料的切割。

四、宝石切割中冷却液的作用

宝石的切割是在金刚石切割刀片的高速旋转下进行切割,切割过程会产生很高的温度,如果不及时冷却会使原材料出现裂纹,冷却液作用如下。

(1)带走磨削产生的热量。

(2)清洗磨削下来的切屑。

(3)起楔裂作用:宝石在磨粒作用下,表面产生裂纹时,冷却液渗透入裂纹中,产生了高压形成楔裂作用。

(4)起润滑作用。

第四节 宝石材料切割锯片的品种与选择

一、锯片的品种

目前市场上出现的金刚石超薄切割片主要有以下三种。

1.树脂法金刚石超薄切割片

以树脂作为黏结剂,将金刚石微粉黏合在一起,这种金刚石超薄切割片寿命普遍不高,切割的锋利度也不强,易跑偏。

2.电镀法金刚石超薄切割片(图4-11)

在锯片金属周边用电镀的方法镀上一层金刚石微粉,从原理上解决了超薄基体强度的不足并弥补了树脂法的一些不足,是目前宝石加工常用切割片。

3.金属法金刚石超薄切割片

用金属粉末与金刚石微粉混合,烧结而成,虽然在寿命、整体强度上有一些突破,但其厚度只能做到 0.3mm 以上,0.3mm 以下就无法做到,这也是导致金属法金刚石超薄切割片价格昂贵的原因之一。

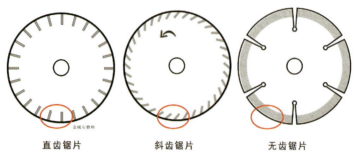

图 4-11 常见金刚石锯片种类(灰色代表镀有金刚石磨粒)

二、金刚石切割锯片技术性能及选择

1.锯片技术性能要求

锯片切口上的钻石粉粒径均匀、黏附牢固,刀基平面度好才能保证切割时不会产生跳动。

2.锯片的选用原则

(1)小颗粒天然宝石、贵重宝石宜选用刀基薄夹带钻石粉少,寿命短,刀缝窄的锯片。
(2)玉石、低档宝石及大块材料宜选用刀基厚夹带钻石粉多,寿命短长,刀缝宽的锯片。

宝石切割常用的锯片型号有:$\diameter$110mm,$\diameter$150mm,$\diameter$200mm,$\diameter$300mm,$\diameter$400mm,$\diameter$500mm。厚度 0.15~3mm。常用孔径$\diameter$25mm,$\diameter$20mm。

第五节 宝石切割工艺及技术

人工宝石切割案例

1.三角坯切割工艺流程

三角坯切割工艺主要流程是切片—切条—切三角粒—定型,如图 4-12 所示,三角坯料生产的石坯如图 4-13 所示。

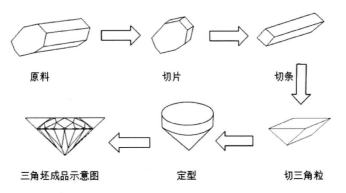

图 4-12　三角坯切割工艺流程图

图 4-13　三角坯料生产的石坯

2. 圆柱坯切割工艺流程

圆柱坯切割工艺主要流程是切片—切条—磨圆条—切圆柱粒，如图 4-14 所示，完成切割的圆柱坯如图 4-15 所示。

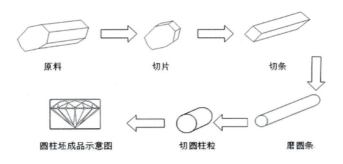

图 4-14　圆柱坯切割工艺流程

图 4-15　圆柱坯

3. 圆珠坯切割工艺流程

圆珠坯切割工艺主要流程为切片—切条—切正方体—窝圆珠,如图 4-16 所示。完成切割的圆珠坯如图 4-17 所示。

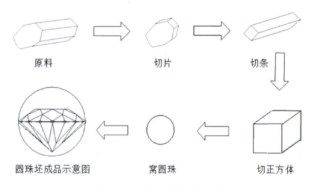

图 4-16　圆珠坯切割工艺

图 4-17　圆珠坯

第六节 宝石切割尺寸计算

一、宝石切割的尺寸计算及要求

宝石成品的尺寸是设计师根据首饰大小制定的,在实际加工过程中每道工序还需预留加工量,如切石工序:石坯围型工序、石坯腰线及台面抛光工序、宝石琢磨抛光工序等。表 4-1 人造宝石产品切石技术资料,列出了每道工序的加工量,天然宝石也可以参考。

表 4-1　合成立方氧化锆产品切石技术资料

图例							
	产品尺寸			切石尺寸		圈石尺寸	
直径 D	总高度 A	冠部高 B	腰带宽 C	总高度 A'	宽度 D'	总高度 A'	腰带以上高度 F
2	1.2~1.3	0.46	0.04	1.5~1.6	2.3	1.5~1.6	0.53
2.25	1.35~1.46	0.52	0.045	1.65~1.76	2.6	1.65~1.76	0.60
2.5	1.5~1.63	0.58	0.05	1.8~1.93	2.8	1.8~1.93	0.66
2.75	1.65~1.79	0.63	0.055	1.95~2.09	3.1	1.95~2.09	0.72
3	1.8~1.95	0.69	0.06	2.1~2.25	3.4	2.1~2.25	0.8
3.5	2.1~2.28	0.81	0.07	2.4~2.58	3.8~4	2.4~2.58	0.93
4	2.4~2.6	0.92	0.08	2.7~2.9	4.3~4.5	2.7~2.9	1.05
4.5	2.7~2.93	1.04	0.09	3~3.32	4.8~5.	3~3.32	1.15
5	3~3.35	1.15	0.1	3.3~3.55	5.3~5.5	3.3~3.55	1.2
5.25	3.15~3.41	1.2	0.105	3.45~3.71	5.55~5.75	3.45~3.71	1.36
5.5	3.3~3.58	1.27	0.11	3.6~3.88	5.8.~6	3.6~3.88	1.45
6	3.6~3.9	1.38	0.12	3.9~4.2	6.3~6.5	3.9~4.2	1.55
7	4.2~4.55	1.61	0.14	4.5~4.85	7.3~7.5	4.5~4.85	1.0
8	4.8~5.2	1.84	0.02	5.1~5.5	8.3~8.5	5.1~5.5	1.92

注:此表是按合成立方氧化锆材料计算,其他材料可以参照。

二、宝石切料开采率（表 4-2）

在企业生产中，宝石产品的成本主要取决于宝石开采率和宝石琢磨成本。天然宝石以每千克原材料能开采毛坯的数量计算，天然宝石切割需要去除裂纹和杂质，开采率在5%～30%不等。手工切割的开采率主要取决切石师傅的技能水平，机械化切割的开采率主要取决于设备的性能。线切割设备的开采率最高，多刀切割机开采率次之，人工宝石开采率以每千克原料能切割同一规格的毛坯多少粒计算（表 4-2）。

表 4-2　合成立方氧化锆切料开采率

单位：粒/kg

圆形规格	数量	异形规格(mm×mm)	数量
Ø1	23 000	2×4	3 000
Ø1.5	13 000	3×5	1 500
Ø2	7 000	4×6	1 200
Ø2.5	5 000	5×7	800
Ø3	3 200	6×8	550
Ø3.5	2 400	7×9	400
Ø4	1 700	8×10	290
Ø4.5	1 500	9×11	210
Ø5	1 300	10×12	160
Ø5.5	870	12×14	100

第七节　宝石加工常用测量工具

一、游标卡尺的结构及用途

1. 游标卡尺的结构（图 4-18）

游标卡尺由主尺、游标尺、深度尺、紧固螺钉、外测量爪、内测量爪组成。

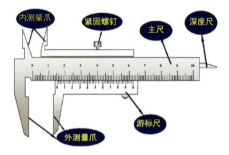

图 4-18　游标卡尺的结构

2.游标卡尺在宝石加工的使用

测量零件,宝石内、外直径,如图 4-19 所示。测量深度、高度,如图 4-20 所示等多种测量用途。

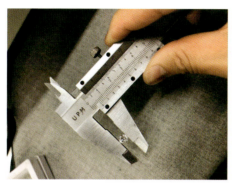

图 4-19　测量宝石直径

图 4-20　测量宝石高度

3.游标卡尺的读数及测量误差

尺身和游标尺上面都有刻度。以精确到 0.1mm 的游标卡尺为例,尺身上的最小分度是 1mm,游标尺上有 10 个小的等分刻度,总长 9mm,每一分度为 0.9mm,比主尺上的最小分度相差 0.1mm。量爪并拢时尺身和游标的零刻度线对齐,它们的第一条刻度线相差 0.1mm,第二条刻度线相差 0.2mm,……,第 10 条刻度线相差 1mm,即游标的第 10 条刻度线恰好与主尺的 9mm 刻度线对齐。

4.游标卡尺使用注意事项

(1)游标卡尺是比较精密的测量工具,要轻拿轻放,不得碰撞或高空跌落。不宜用来测量粗糙的物体,以免损坏量爪,不使用时应置于干燥处防止锈蚀。

(2)测量时,应先拧松紧固螺钉,移动游标不能用力过猛。两量爪卡住待测物时不宜过紧,但也不能使被测量的物体在量爪内挪动。

(3)读数时,视线应与尺面垂直。如需固定读数,可用紧固螺钉将游标固定在尺身上,防止滑动。

(4)实际测量时,对同一长度应多测几次,取其平均值来消除偶然误差。

二、角度测量工具

宝石的设计角度在宝石加工时用角度测量工具度量,常用的测量工具有磁性指针角度尺和角度测量工具(图 4-21)。

图 4-21 角度测量工具

1.磁性指针角度尺使用方法

把没有粘胶的铁棒插八角手内,然后把八角手放在宝石机的升降台上。调整升降台高度,直到量角器指示宝石设计的琢磨角度,如图 4-22 所示。

2.量角器的使用方法

普通量角器如图 4-23 所示,量角器的中心对准铁棒中心线,然后把八角手放在宝石机的升降台上,调整升降台高度,直到铁棒中轴线与宝石设计的琢磨角度一致。

图 4-22 磁性指针角度尺的使用

图 4-23 普通量角器的使用

第八节 企业宝石切割生产实例

一、单锯片切割宝石材料实例（图 4-24）

单锯片切割宝石
教学视频

图 4-24 单锯片切割宝石

二、多锯片切割宝石实例

三、天然宝石切割案例（方柱石）

多锯片切割宝石
教学视频

天然宝石切割
教学视频

玉石线切割
教学视频

四、玉石线切割案例

课后思考题

1. 宝石产生裂纹的原因有哪几种？哪种裂纹是固有的，哪种裂纹是可以避免的？
2. 锯片的选择原则是什么？
3. 劈裂和剖切有什么区别？在什么情况下用劈裂方法？什么情况下用剖切方法？
4. 宝石加工中切割与磨削加工有什么区别？
5. 叙述散粒磨料的磨削过程。
6. 叙述固结磨料的磨削过程。
7. 磨削时磨削区有哪些物理化学现象？
8. 切割中表面的破坏层是怎样形成的？它和哪些工艺因素有关？

9. 叙述单锯片切割机的结构。
10. 叙述多锯片切割机的结构。
11. 天然宝石与人工宝石的切割工艺是否有差异？
12. 天然宝石与人工宝石的切割设备否有差异？
13. 固结磨料与散粒磨料切割有什么区别？
14. 描述国内最近流行的宝石切割原理。

第五章 宝石石坯定型

技能要求

【初级工】1.单粒宝石石坯的定型原理;2.半自动定型机定型宝石原理;3.普通宝石机用八角手定型正方、长方、梯方型宝石石坯;4.半自动定型机定型圆型宝石。

【中级工】1.普通宝石机用八角手定型祖母绿型宝石;2.半自动定型机定型异型宝石;3.半自动定型机异型宝石定型模具制作。

【高级工】1.普通宝石机定型各种形状及规格的宝石石坯;2.万能机定型各种形状及规格的宝石石坯;3.学会修理及调整半自动定型设备。

第一节 宝石石坯定型原理及定型方法

宝石石坯的定型实际上就是对宝石原料切割后进行宝石腰围尺寸的定型。

一、宝石石坯定型原理

宝石定型原理——在宝石坯料上研磨出设计的宝石的腰围形状及尺寸。生产上是将切割后的宝石坯料进行磨削,得到符合设计要求的腰围形状及尺寸,如图5-1所示。

图5-1 宝石石坯定型原理图

二、宝石石坯定型的方法

1. 单粒定型

贵重天然宝石、定单数量少的贵重人工宝石采用单粒定型方法。

2. 大批量生产的定型

普通天然宝石及人工宝石采用半自动机批量生产的定型方法。

第二节　宝石石坯定型质量要求

一、宝石的腰围形状准确（图 5-2）

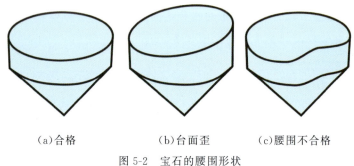

　　（a）合格　　　　　（b）台面歪　　　（c）腰围不合格

图 5-2　宝石的腰围形状

二、产品尺寸的一致性

对于大批量石坯加工，精密石坯的尺寸要求误差在±0.01mm 以内，如图 5-3 所示。

图 5-3　石坯尺寸一致性

三、按来样戒指镶口配宝石（图 5-4）

图 5-4　根据戒指镶口配宝石

四、按订单图纸要求生产（图 5-5）

图 5-5　按订单图纸要求生产石坯

第三节　单粒宝石石坯定型工艺及设备

将宝石坯料的腰围通过研磨得到准确的形状及尺寸，不但要有合理的生产工艺和精密的设备保障，还要有熟练的宝石加工技能，才能生产出形状准确、尺寸达标的宝石坯料。

一、单粒宝石定型常用万能机或普通宝石机

单粒宝石定型流程为三角料上铁棒粘接—在设备上定型—检验定型质量及尺寸。

1. 三角坯料用宝石粘胶在专用铁棒上粘接（图 5-6）

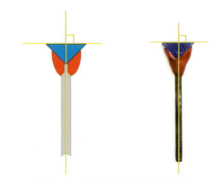

图 5-6　宝石石坯上铁棒粘接

2. 在设备上定型

在万能机上定型如图 5-7 所示，普通宝石机上定型如图 5-8 所示。

图 5-7　万能机定型　　　　　　图 5-8　宝石机定型

3. 检查定型尺寸（图 5-9）

图 5-9　游标卡尺检验定型尺寸

二、宝石单粒生产常用定型设备及结构

万能机结构如图 5-10 所示,数控升降台宝石机结构如图 5-11 所示,普通宝石机结构如图 5-12 所示。

图 5-10　万能机结构

图 5-11　数控升降台宝石机结构

图 5-12　普通宝石机结构

三、万能机功能及应用范围

万能机设备动力由安装在机座250W、转速1400r/min的电机①提供,电机①轴头上安装有主轴②,主轴前端安装磨轮③,主轴前端可以更换多种工具,具体应用如下。

1. 定型

换上需要的磨轮对宝石定型,如图5-13所示。

图5-13 常用定型磨轮

2. 抛光

换上抛光轮对宝石进行抛光,如图5-14所示。

图5-14 抛光素面(凸面)宝石抛光轮

3. 雕刻

换上玉雕工具可以雕刻宝石,如图5-15所示。

图 5-15　金刚砂磨头雕刻宝石

4. 钻孔

换上钻夹头及工具对宝石钻孔,如图 5-16 所示。

图 5-16　金刚砂针钻孔

5. 加工弧面型宝石

换上槽轮可以加工弧面型宝石等,如图 5-17 所示。

图 5-17　弧面型宝石加工

第四节　常见宝石坯型生产实例

一、素面型宝石石坯定型加工

素面(凸面或弧面)型宝石石坯——宝石腰围形状由弧面组成，如圆形、蛋形、梨形、马眼形、心形等腰围是弧面称弧面形石坯。

1. 素面型宝石石坯的加工

把切割好的毛坯用宝石胶粘贴在铁棒上，等胶体冷却后，按图 5-18 素面(弧面)型宝石石坯加工的方法定型操作，石坯形状和尺寸的精确程度主要靠人的技术水平控制。

图 5-18　素面(弧面)型宝石石坯加工

素面型宝石定型加工视频

2. 椭圆(蛋)型宝石石坯的加工

把切割好的毛坯用宝石胶粘贴在铁棒上，等胶体冷却后，按图 5-19 椭圆(蛋)型宝石加工操作，石坯形状和尺寸的精确程度主要靠人的技术水平控制。

图 5-19　椭圆(蛋)型宝石石坯的加工

椭圆(蛋)型宝石定型加工视频

二、直线形宝石石坯定型加工

直线形宝石石坯——宝石腰围形状由直线组成,如祖母绿形(称小八角)、正方形、长方形、梯方等坯型腰线称直线型石坯。

1. 直线形宝石石坯定型原理

设备组成:安装在机座上 180W、转速 2800r/min 电机(1),电机(1)主轴上安装有轴头(2),轴头(2)上安装有托盘(3)和砂盘(4),机台上有平行八角手垫块(5),操作时八角手(6)轴心线与设备工作台(9)平行,才能保证石坯平行性。宝石石坯(8)通过宝石胶粘接在铁棒(7)上(图 5-20)。

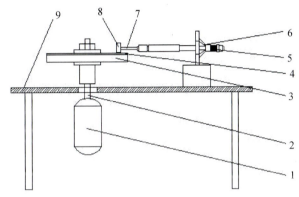

图 5-20　直线型宝石石坯定型原理
1. 电机;2. 轴头;3. 托盘;4. 砂盘;5. 垫块;6. 八角手;7. 铁棒;8. 石坯;9. 工作台

2. 单粒梯方宝石石坯定型加工

加工流程:切条—切三角料—粘胶—上杆—宝石机定型—完成定型,如图 5-21 所示。

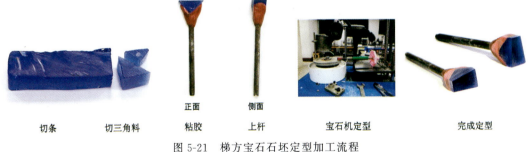

切条　　切三角料　　粘胶　上杆　　宝石机定型　　完成定型
图 5-21　梯方宝石石坯定型加工流程

数控宝石机定型操作如图 5-22 所示。

3. 单粒正方直角平行线型宝石石坯定型加工

把粘有宝石坯料的铁棒装入八角手,调整好工作台角度,使八角手与磨石机磨盘平行,打开电机开关,打开冷却水开关(水量大小根据石坯尺寸定),右手握八角手,八角柄靠在工作台上，宝石坯放在磨盘上磨削（图5-23）。

图5-22　数控宝石机梯方宝石石坯定型操作

图5-23　正方直角磨削加工

4.单粒祖母绿（长方倒角）型磨削加工（图5-24）

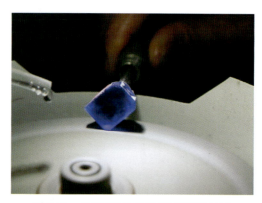

祖母绿（长方倒角）型宝石定型加工视频

图5-24　祖母绿（长方倒角）型磨削加工

三、特殊形状宝石石坯定型加工

除上述坯型，在石坯的某一部位出现凹坑为特殊形状的坯型，这种特殊形状宝石毛坯，如心形、梅花形、五角星形等在外形的基础上加工出凹坑，必须使用一种冲坑机设备定型。

1. 心形宝石坯型的定型原理(图 5-25)

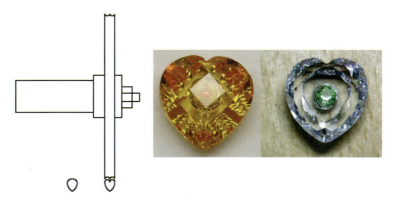

图 5-25　心形宝石坯型凹坑加工

2. 梅花宝石坯型的定型原理(图 5-26)

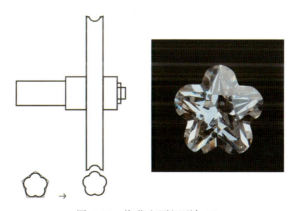

图 5-26　梅花宝石坯型加工

3. 五角星宝石坯型的定型原理(图 5-27)

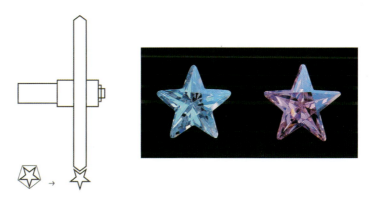

图 5-27　五角星宝石坯型加工

第五节　大批量生产宝石石坯设备

一、半自动定型设备

1. 半自动定型机的结构及工作原理

批量生产的宝石毛坯定型采用如图 5-28 所示设备定型，砂轮用皮带转动把动力带到主轴头，砂轮安装在主轴头上，机架上还安装有一套石坯转动装置，通过靠模运动可以生产出不同的坯型，石坯形状和尺寸的精确程度根据模具的精确程度和尺寸控制手轮确定。

设备工作原理：接通电源开动电机(1)、装在电机(1)轴头上的大三角皮带轮(2)，带动装在主轴三角皮带轮(3)，和装在主轴另一端的金刚石磨轮转动。宝石模(12)安装在固定顶针(7)的一端，另一端靠紧宝石坯料(6)，宝石坯料(6)的另一端安装活动顶针(8)，在手轮(14)的作用下顶紧宝石坯料(6)。减速电机(10)带动安装在链轮轴(15)上三个链轮转动，链轮轴(15)上两端的链轮分别带动活动顶针和固定顶针转动，完成石坯的定型过程，石坯的尺寸大小由靠模调节杆调节。

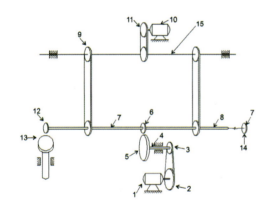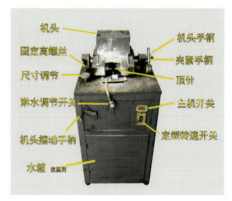

图 5-28　半自动定型机及原理图

1.电机；2.大皮带轮；3.小皮带轮；4.主轴；5.金刚石磨轮；6.宝石坯料；7.固定顶针；8.活动顶针；9.链轮；
10.减速电机；11.减速电机链轮；12.宝石模；13.靠模调节杆；14.手轮；15.链轮轴

半自动定型机除了能定型圆型外，只要装上各类型的仿型定型轮，就能加工各种形状的宝石、玻璃镜片等，尺寸外形统一、精度高。还可以加工各种异形坠子，如心形、圆形、椭圆形、树叶形、八角形、三角形、葫芦形、水滴形、灯笼形等。

半自动定型机的缺点就是需要人工装坯夹紧然后用手放下拉杆才能完成一个工序循环。

二、全自动定型设备

全自动定型设备是将半自动定型设备作为主机，加装自动夹紧松开石坯机构、自动送料装置组成全自动定型设备。

三、正方、长方、梯方专用定型设备

梯型人工宝石石坯快速成型设备结构简单，精度高，可批量生产，生产量高，工艺操作简单，制作成本低，投资少，回报高。工人经过一天的培训就可以上岗操作。如果科学地组成一条流水线。切片、切条、切粒 2 人，定型 2 人，粘石脱胶 1 人，共 5 人经过熟练期后，平均每个工人每天产量可达 1 万粒以上，是一个"产出多、生产快、质量好、材料省"的梯型宝石石坯加工设备。

生产设备如图 5-29 所示。

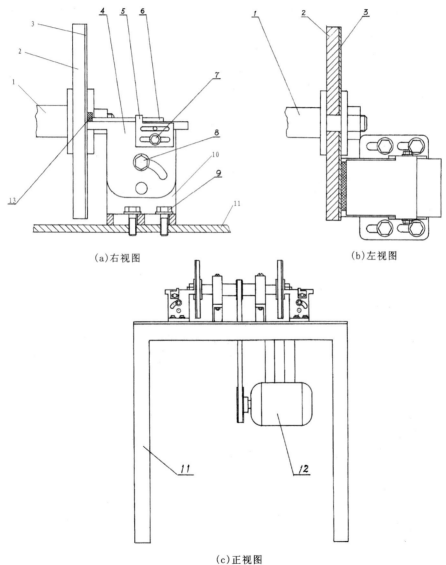

(a) 右视图　　　　　　　　　　　　(b) 左视图

(c) 正视图

图 5-29　生产设备示意图

1.主轴；2.铝托盘；3.金刚石磨盘；4.工作台摆动头；5.限位模块；6.模板；7.调整螺钉；8.旋转调整螺钉；9.工作台调整螺钉；10.工作台；11.机架；12.电机

第六节　企业生产宝石石坯实例

大批量生产宝石石坯常用在人工宝石生产上,例如合成立方氧化锆的切割及定型设备中,市场上没有标准化的设备,都是结合生产工艺自行设计与制造的设备,这些设备虽然有些部分不尽相同,但动作原理是相同的。下面以工厂实例加以说明。

一、梯型石坯的生产

梯型人工宝石石坯生产工艺流程如下(图 5-30)。

(1)将原料夹紧在多刀切石机切片。

(2)将片料放在单刀切石机工作台上切条。

(3)把切好的条料放在成型机上定型。

(4)将定型合格的条料按图排列整齐用 502 胶水粘接。

(5)等待 502 胶水干后将粘接成型的块料放在单刀切石机上切粒。

(6)清洗 502 胶水。

(7)宝石石坯振动抛光。

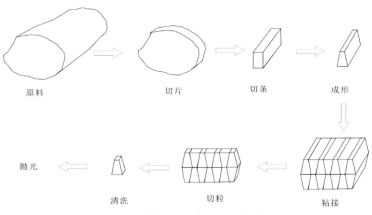

图 5-30　梯型石坯的生产工艺流程

二、三角坯的生产

三角坯生产工艺流程如图 5-31 所示。

三、圆柱坯的生产

圆柱坯的生产工艺流程如图 5-32 所示。

四、圆珠坯的生产

圆珠坯生产工艺流程如图 5-33 所示。

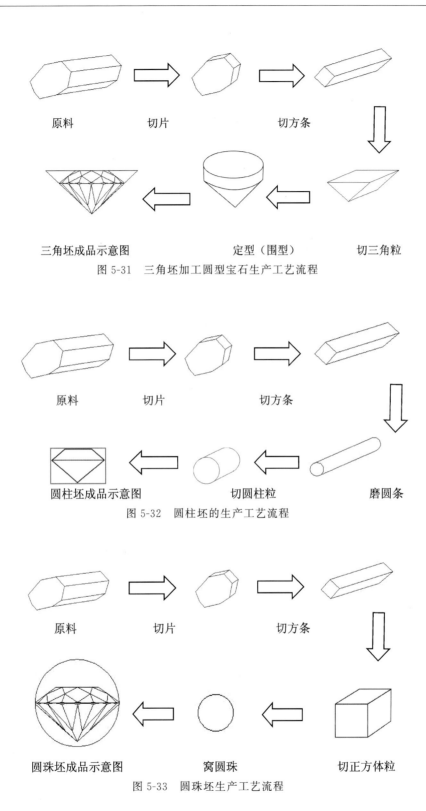

图 5-31 三角坯加工圆型宝石生产工艺流程

图 5-32 圆柱坯的生产工艺流程

图 5-33 圆珠坯生产工艺流程

第七节　宝石石坯生产成本核算

一、市场上常用的三种坯型的工艺对比

三角坯：切片—切条—切三角粒—围型—石坯

圆柱坯：切片—切条—磨圆条—切圆柱粒

圆珠坯：切片—切条—切正方体粒—倒角—窝圆珠

二、三种坯型的设备投入对比（表 5-1）

表 5-1　常见三种坯型的设备投入对比一览表

坯型	单刀切片机	多刀切片机	围形机	打角机	无心磨圆棒机	多刀切条切粒机	窝珠机
三角坯	√		√				
圆柱坯		√			√	√	
圆珠坯		√		√		√	√

三、三种坯型的生产效率分析

以圆型 2mm 为例

三角坯　　2 人　　　2000 粒/日　　　10 小时，平均 1000 粒/人

圆柱坯　　4 人　　　10 万粒/日　　　10 小时，平均 2500 粒/人

圆柱坯　　4 人　　　20 万粒/日　　　10 小时，平均 50 000 粒/人

四、三种坯型的开采率及原材料成本

（1）每千克原料开采率一览表（表 5-2）。

表 5-2　每千克原料开采率一览表

名称	规格（mm）			
	1.5	2	2.5	3
三角坯	30 000	14 000	8 000	4000
圆柱坯	16 500	7700	4400	2200
圆珠坯	15 000	7000	4000	2000

(2)每粒石坯占材料成本见表 5-3（以广西梧州市合成立方氧化锆 A＋B 料 200 元/kg，2012 年 12 月价格）。

表 5-3　每粒石坯开采率一览表

名称	规格（mm）			
	1.5	2	2.5	3
三角坯	0.006 7	0.014 3	0.025	0.05
圆柱坯	0.012	0.026	0.045	0.091
圆珠坯	0.013	0.029	0.05	0.10

五、宝石石坯加工尺寸要求

(1)宝石直径 D 要留抛光腰线的加工量。
(2)宝石台面要留磨削、抛光的加工量。
(3)石坯总高度要大于产品的总高度。
(4)石坯腰线以上冠部高度要大于产品腰线以上冠部的高度(图 5-34)。

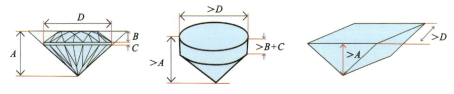

图 5-34　宝石石坯加工尺寸要求

课后思考题

1.宝石石坯的定型原理，单粒石坯的定型与大批量生产的石坯定型有什么不同？
2.不同形状的宝石石坯定型的工具和设备一样吗？试举例说明。
3.讲述特殊型宝石石坯的定型原理及定型工具的设计。
4.普通宝石机与万能机的定型有什么区别？
5.讲述宝石定型的质量要求。
6.讲述半自动定型机可以定型的宝石品种，并写出定型宝石名称。

第六章　宝石坯料上杆粘接

技能要求

【初级工】1.宝石坯料上杆粘接常用材料；2.宝石坯料上杆粘接常用工具。
【中级工】1.宝石粘、反石质量分析。
【高级工】1.宝石粘、反石工具的改进。

第一节　宝石坯料上杆粘接常用材料

宝石刻磨单粒生产常用普通宝石机，配合八角手或机手工具进行磨削，因为宝石的规格和形状比较多，加工前把宝石坯料用宝石胶粘接在铁棒上，放入八角手或机手按照操作要求对宝石进行加工磨削，磨削完成后宝石脱离铁棒粘胶，并清洗残留胶和油污。

宝石石坯检验合格后，将石坯粘接在专用的铁棒上，才能进入下一道工序，宝石粘接的质量影响到宝石刻磨、抛光质量及加工效率。

一、可循环使用的宝石粘胶

宝石加工完成后，把宝石从铁棒上脱下来，留在铁棒上的宝石胶还可以粘接宝石，宝石胶的碎料也可以熔化重复使用，这种宝石胶称为可以循环使用宝石粘胶，前提是加热时不可使胶体燃烧冒烟碳化失去性能（图6-1）。

1.用于宝石粘接的材料，应符合下列基本要求

（1）应有足够的粘合能力、粘接强度和硬度，在正常刻磨加工过程中不允许脱裂或移位。
（2）熔点不应低于70℃，应高于切割、研磨和抛光过程中产生的温度。
（3）循环使用宝石粘胶经多次加热不会失去其性能。
（4）应能很好地溶于有机和无机溶剂，但不能被煤油和机器油溶解。
（5）应当价廉，且非稀有。

2.循环使用宝石粘胶材料

（1）虫胶片（图6-2）。80℃软化，113℃液化，165℃开始强烈放气泡，而成为疏松海绵状物质，210℃碳化失去粘合能力，虫胶最佳温度85～105℃，溶于酒精。

图 6-1　可以循环使用宝石粘胶　　　　图 6-2　虫胶片

(2)松香(图 6-3)。软化温度 50~70℃,90~130℃全部熔化,具较高的粘合能力和足够的强度,易溶于酒精、乙醚、丙酮、松节油等溶剂。

(3)火漆。由低级松香、氧化铁组成,100℃左右软化,比虫胶、松香硬度大、强度高可溶于酒精、乙醚、丙酮、松节油等溶剂。

(4)宝石胶粉。用宝石胶打碎制成粉状,宝石胶粉常用在自动化粘石上(图 6-4)。

图 6-3　松香　　　　图 6-4　宝石胶粉

3.宝石粘胶材料的选择原则

选用粘结材料时,应考虑到工件的形状、尺寸大小、精密度、加工气温及加工产生热量,工件受力越大、面积越小,应选抗粘强度较高的粘结胶。虫胶主要起粘结作用,火漆、松香除有粘结作用外,还起增强胶料机械作用,火漆比例大的胶料较软、耐热性差,松香比例大的胶料较硬且脆性大。

4.宝石粘胶配制

配制要求:根据磨削过程中产生热量大小和季节变化考虑配方。

配方如下:

(1)95%火漆+5%虫胶。

(2)80%松香+20%虫胶。

市场上配制的宝石粘胶,其颜色与粘接性能无关,与加工宝石颜色有关,应选与宝石颜色反差大的颜色,如红色宝石应选白色或绿色宝石胶(图6-5)。

二、一次性使用宝石粘胶

宝石加工完成后胶体不能回收重复使用称为不可以循环使用宝石粘胶,例如502胶水能很好地粘接宝石,但其不能回收再次使用。

目前市场上生产宝石粘接专用的一次性宝石粘胶,其品种有:快干胶、光敏胶和AB胶等,胶体呈透明状,粘接力强、粘接速度快,效率高,以2mm宝石坯料为例,每人每天8小时工作计算,可粘12 000粒以上,每千克胶水可以粘接40万~60万粒宝石坯料。

1.光敏胶(图6-6)

粘接方法:把铁棒插在专用的插板上,利用瓶盖的尖头直接将胶液点在铁棒头上,用镊子将宝石坯夹放在点有胶液的铁棒头上并放平,使用紫外光灯照射1min使胶体硬化后才可以加工,紫外灯灯管与宝石的照射间距100mm为最佳状态。

图6-5 市场上配制的宝石粘胶

图6-6 光敏胶

2.502胶水(图6-7)

粘接方法:把铁棒插在专用插板上,利用瓶盖的尖头直接将胶液点在铁棒头上,右手拿镊子夹宝石坯放在点有胶液的铁棒头上并放平,在25~30℃的环境中放15~20min使胶体硬化才可以加工,如果温度达不到25~30℃时要用烘箱。

3.AB胶(图6-8)

粘接方法:把铁棒插在专用的插板上,把A胶和B胶按1:1混合后用铁棒头直接蘸取适量AB胶,然后将宝石放在粘有胶液的铁棒头上,放置在25℃以上温度的环境5~8min使其固化,约15min后可以加工。

第六章　宝石坯料上杆黏接

图 6-7　502 胶水　　　　　　如图 6-8　AB 胶

第二节　宝石粘接常用工具

一、酒精灯

(1)酒精灯用于可循环使用的宝石粘胶工序,是单粒宝石加工的热源,单粒生产时常用来预热宝石和加热粘胶,宝石加工完成后加热胶体把宝石从铁棒上脱下来。酒精灯及其结构如图 6-9 所示。

图 6-9　酒精灯及结构

(2)酒精灯使用安全操作规程如图 6-10 所示。

①酒精是易燃品,在酒精灯壶内加入酒精时,如果不小心洒在台面上,一定要擦干才能点火。

②酒精灯的气密性较差,酒精易蒸发,隔久不用的酒精灯,要把酒精灯壶内的积压气体放出后才能点燃。

酒精灯粘石视频

③加酒精量不能超过酒精壶的 2/3。

④酒精灯不能歪斜点火。

⑤酒精灯不用时不能用嘴巴吹灭灯,应用灯罩盖帽盖灭。

· 125 ·

图 6-10　酒精灯使用安全操作规程

二、水平座(顶平器)

使宝石台面与铁棒中轴线保持垂直,提高粘石效率及粘石质量(图 6-11)。

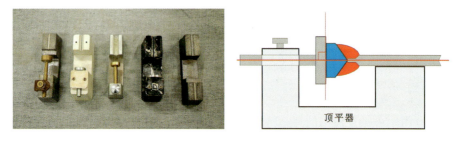

图 6-11　各种水平座(顶平器)及顶平器粘石示意图

三、铜棒或铁棒

粘接及支撑宝石用,使用时插入八角手或机手上操作加工宝石。铜棒、铁棒的构造有多种形式,有带定位钉铁棒、无定位钉铁棒和尾部 V 型槽铁棒等,长度从 30～90mm,铁棒头有平头和尖头。带定位钉铁棒常用于加工圆型宝石,无定位钉铁棒常用于加工异型宝石(图 6-12)。

V 型槽铁　　带定位钉铁棒　　无定位钉铁棒

图 6-12　铁棒及铁棒放大图

四、反石工具

反石对接,宝石冠部加工完成后,从手柄上取下铁棒放置在对接工具一侧的长槽内,取另一根粘有胶体的铁棒,立即在对接工具上与磨号的冠部对接,胶体硬化后,用剪刀将未刻磨端铁棒从粘胶上剪下,完成反石工序(图6-13)。注:此反石对接工具及操作方法多用于一次性粘胶批量反石工序中。

图 6-13　反石对接工具

五、铁棒插板

宝石坯料粘接后插入插板孔内存放,便于流水线生产、产品分类及质量检验(图6-14)。

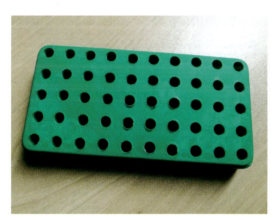

图 6-14　铁棒插板

六、工厂大批量生产宝石粘、反石工具及原理(图6-15、图6-16)

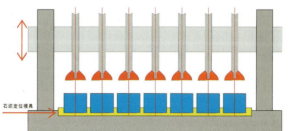

图 6-15　大批量宝石粘石工具及原理图

 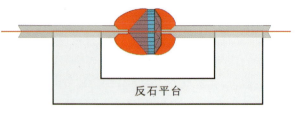

图 6-16　大批量宝石反石对接工具及原理图

第三节　宝石粘、反石质量分析

宝石粘、反石质量关系到下一道工序生产的质量问题及效率。

一、宝石粘接质量图解分析（图 6-17、图 6-18）

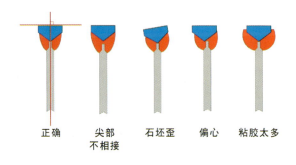 

图 6-17　宝石粘接质量图解分析　　　　图 6-18　粘接实物图

二、宝石粘接质量分析

（1）胶层粘黏应当均匀、光滑，粘胶太多影响磨石操作，粘胶太少刻磨时易造成胶体断裂，实际用胶量以石坯尺寸为参照。

（2）一定要预热粘杆后再上胶，预热温度不够容易脱胶。

（3）火焰粘胶不能使粘胶冒烟起火，胶冒烟起火会造成胶层碳化失去性能，加热至稍有流动感即可。

（4）石坯粘接时应使宝石坯料的设计中轴线与粘杆中轴线重合，否则宝石加工时会出现歪尖、造型怪异的情况。

（5）石坯粘接时应使宝石坯料的台面与粘杆轴线垂直。

（6）刚粘接的宝石不能随即放入冷水中冷却，易造成宝石骤冷炸裂。

（7）宝石毛坯预热时一定要受热均匀，否则容易出现热裂。

三、宝石粘接中常见的质量问题

（1）宝石胶老化——宝石胶长时间加热，冒白烟时胶体已出现老化，粘力下降。

(2)宝石坯料清洗不干净,有油污或杂物也会影响粘接质量。

(3)宝石坯或粘杆预热不够充分,易出现铁棒与胶体松动或宝石坯与胶体出现假粘现象,加工时导致变形和掉石现象。

(4)胶体没有硬化时,要插在专用的插板上冷却硬化,操作不当容易使宝石坯与铁棒歪斜,从而影响成品质量。

四、工厂粘、反石实例(图 6-19)

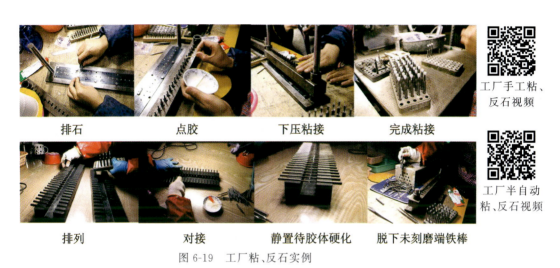

图 6-19 工厂粘、反石实例

五、全自动粘、反石实例(图 6-20)

1. 全自动粘石机工艺流程

(1)将石坯放入模具槽内。
(2)煤气自动点火加热铁棒头。
(3)胶粉盘运动到铁棒头。
(4)铁棒头在热作用下吸附宝石胶粉并融化(图 6-21)。
(5)胶粉盘运动离开铁棒头。
(6)粘宝石胶粉铁棒头下降到宝石坯上(图 6-22)。
(7)待宝石胶体在宝石坯上融化后完成粘接。

2. 全自动反石机工艺流程

(1)将加工完成冠部刻磨的铝排放在粘石台下方[图 6-23(a)]。
(2)上方放空铝排。
(3)煤气自动点火加热铝排铁棒头。
(4)宝石胶粉盘运动到铁棒头。
(5)铁棒头在热作用下吸上宝石胶粉并融化。

图 6-20　全自动粘、反石设备

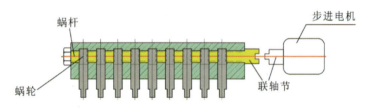

图 6-21　铝排结构图

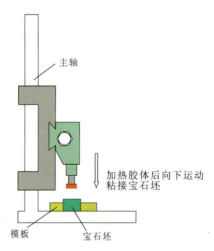

图 6-22　自动粘石设备工作原理简图

(6)胶粉盘运动离开铁棒头。

(7)粘上宝石胶粉铁棒头下降并与已刻磨好冠部的宝石台面对接[图 6-23(b)]。

(8)上排吹气冷却宝石胶,待宝石胶体硬化后,开启下排煤气加热铁棒头[图 6-23(c)]。

(9)上排铁棒头升起,完成反石。

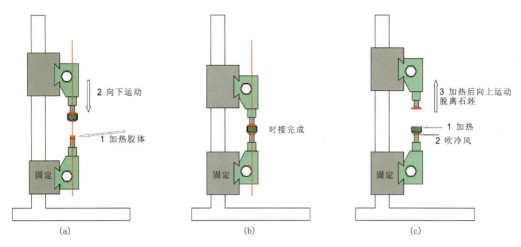

图 6-23　自动反石设备工作原理简图

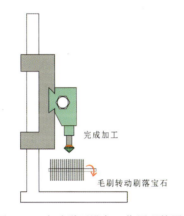

图 6-24　自动脱石设备工作原理简图

课后思考题

1. 描述宝石刻磨前的坯料上铁棒粘接原理及粘接质量要求。
2. 宝石粘胶的分类及选择原则。
3. 宝石单粒粘接与自动化生产粘接有什么区别？
4. 描述宝石坯粘接的工具及粘接原理。

第七章 刻面宝石刻磨抛光

技能要求

【初级工】1.硬质材料的加工机理;2.宝石加工表面粗糙度特征;3.散粒磨料的磨削特点;4.刻面宝石加工设备及工具;5.标准圆钻型宝石刻磨抛光。

【中级工】1.宝石加工设备的原理;2.宝石加工工具的作用及改进方法;3.马眼、公主方、祖母绿型宝石刻磨抛光。

【高级工】1.人工宝石加工机械化生产的特点;2.蛋型、梨型、心型宝石刻磨抛光。

第一节 超硬材料的加工机理

刻面宝石的刻磨实际上是在宝石毛坯的基础上刻磨出均匀的小平面,硬度在相对硬度5以上的宝石材料的加工是硬质材料加工,宝石在砂盘上的刻磨抛光实质是磨削。

一、表面粗糙度在宝石加工中的应用

宝石的加工是磨料在宝石表面以"耕犁"作用为主形成的坡峰和坡谷,用粗磨料和细磨料进行磨削过程,粗磨料形成的坡峰、坡谷和细磨料形成的坡峰、坡谷不一样,这就是为什么粗磨料磨出来的宝石表面粗糙的一种解释,以一粒砂在宝石表面刮出痕迹的放大图形来说明表面粗糙度在宝石加工中的应用。图7-1 单粒磨料磨削原理,图7-2 不同粗细的磨料在磨削面上磨削的粗糙度。

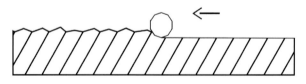

图 7-1 单粒磨料磨削原理

从表面粗糙度分析,抛光与研磨的区别在于抛光是在较细的磨料颗粒作用下进行的,抛光过程是研磨过程的继续。实践证明:宝石加工中宝石材料、研磨盘材、磨料种类、设备转速等参数已定的情况下,宝石表面粗糙度取决于磨料颗粒大小及形状。

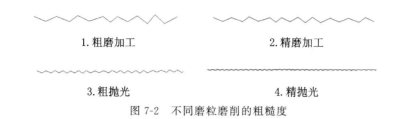

图 7-2 不同磨粒磨削的粗糙度

二、宝石研磨抛光机理

宝石在研磨抛光过程中,被研磨抛光材料表面上的分子有流动现象,宝石在抛光中出现下列现象。

(1)抛光粉以"耕犁"方式作用在宝石表面,去除与抛光粉颗粒大小相同的工作碎屑。

(2)抛光粉的热压运动引起宝石表层分子的重新排列,这时是升高的温度起重要作用。

(3)水或抛光油等辅助材料在抛光过程中起化学作用。

经过长期的宝石加工证明,硬质材料的抛光,机械作用是主要的,流变作用是微弱的,化学作用在钻石粉硬盘抛光中不存在。但是在一些宝石抛光中放些化学药水可以增加抛光速度,例如抛光合成立方氧化锆时加氢氟酸增加抛光速度。

第二节 固定磨料与散粒磨料的磨削特点

一、散粒磨料的磨削过程

宝石抛光过程,散粒磨料黏附在抛光盘上,磨料压向宝石表面,在进给力作用下磨粒紧靠工件表面,因为磨粒的硬度比宝石硬度大,使其受挤压并发生变形,当磨粒施加的作用力超过宝石原料分子之间的结合力时,一部分宝石材料从宝石上分离下来称为切屑。在压力和切削速度下,工件表面形成无数交叉切割的小碎块,在磨料不断运动和压力下,将碎块从宝石表面上"挖起"并"推走"。

二、固定磨料和散粒磨料在宝石研磨抛光中的应用实例

有一个实验,一堆砂和一张砂纸,哪一种擦生锈的刀快,谁都会说砂纸,因为它是固定摩擦,而一堆砂是滚动摩擦。在抛光盘上抛光宝石也证明这一道理,实践证明,用纸巾擦抛光盘就是把滚动摩擦抛光粉压入软质材料的抛光盘内转为固定摩擦,有效提高抛光速度。说明了纸巾在宝石抛光中的应用。

例如宝石刻面的研磨是在固定磨料的砂盘上进行,磨粒用结合剂固定在磨盘,对宝石进行磨削,磨料的颗粒对宝石表面产生"耕犁"作用,随着磨料颗粒不断进行"耕犁"作用,使宝石表面裂纹碎屑脱落,从而形成新的粗糙面。宝石在抛光盘上的抛光粉是自由磨料,实践证明,用纸巾把抛光粉压入抛光盘的机体里,以镶嵌形式把抛光粉固定在抛光盘的基体里形成固定摩擦,抛光的速度和效率有一定的提高。

第三节 宝石加工效率分析

一、磨料颗粒与效率的关系

磨料颗粒越粗产生凹陷深度越深,切削越快,磨削效率高,但表面粗糙。磨料颗粒细,磨削速度慢,宝石表面粗糙度小。

二、磨料硬度与效率的关系

磨料硬度增加,形成的凹陷层深度增加。研磨宝石时,宝石压在盘上的压力不能超过磨料颗粒的抗压强度值,超过会导致磨料颗粒破碎。

磨料颗粒抗压强度增大,宝石的磨损量增加,破坏层随之加深。

三、磨盘速度与效率的关系

在相同条件下提高机床主轴的转速,工件表面粗糙度降低。目前的转速为3000r/min,线速度为20～35m/s。

四、磨盘材料与效率的关系

磨盘的压力和机床的速度对宝石凹陷层深度没有影响。

研磨盘直径300mm左右,线速度高,磨盘跳动度大。

五、抛光粉的浓度与效率的关系

上抛光粉太多,抛光宝石的抛光粉颗粒数量增多,抛光粉所受的平均压强小,宝石表面光洁度差。

六、抛光盘的压力与效率的关系

抛刚玉时抛光盘的压强为 $0.2\sim0.3 kgf/cm^2$。

抛玛瑙时抛光盘的压强为 $0.15\sim0.2 kgf/cm^2$。

磨盘压力大,增加进给量,宝石易产生破裂(因施加压力超过磨粒的强度时,磨粒破碎变细)。

磨盘材质软,传递给工件的力小,形成破坏层藻,凹陷深度小,所以宝石的细磨和抛光要用材质较软的研磨盘。

(1)磨盘压力与加工深度无关,只与效率有关。

(2)磨盘转速与加工深度无关,只与效率有关。

第四节 刻面宝石加工设备及工具

一、刻面宝石加工设备

1. 双人普通八角手刻面宝石机(图 7-3)

图 7-3 双人普通八角手刻面宝石机

普通宝石机视频

2. 数控升降台刻面宝石机(图 7-4)

图 7-4 数控升降台刻面宝石机

3. 双盘机械手刻面宝石机(图 7-5)

图 7-5 双盘机械手刻面宝石机

二、台面刻磨抛光工具

1. 压面器

刻磨抛光宝石台面工具如图 7-6 所示,刻磨抛光宝石台面操作示范图如图 7-7 所示,压面器工作原理如图 7-8 所示。

图 7-6 压面器

图 7-7 刻磨抛光宝石台面操作示范图

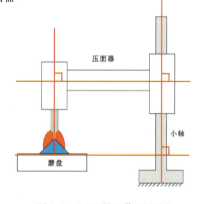

图 7-8 压面器工作原理图

2. 45°角压面器

45°角压面器如图 7-9 所示，45°角压面器工作原理如图 7-10 所示。

图 7-9　45°角压面器

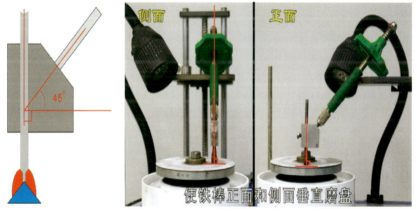

图 7-10　45°角压面器工作原理

三、宝石刻磨角度调整工具

(1) 带定位装置升降台(图 7-11)。

(2) 莲花盘定位升降台(图 7-12)。

(3) 三叉旋转式定位升降台(图 7-13)。

(4) 带刻度升降台(图 7-14)。

(5) 宝石数控升降台(图 7-15)。

(6) 宝石刻磨角度测量工具及原理图(图 7-16)。

图 7-11　带定位装置升降台　　　　图 7-12　莲花盘定位升降台

图 7-13　三叉旋转式定位升降台　　图 7-14　带刻度升降台　　图 7-15　宝石数控升降台

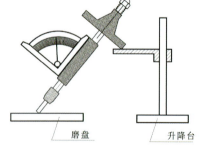

图 7-16　宝石刻磨角度测量工具及原理图

四、宝石刻磨转角调整工具

1. 八角手及结构(图 7-17)

八角手、机械手
装拆视频

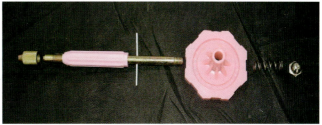

图 7-17 八角手及结构

2. 机械手及结构(图 7-18)

图 7-18 机械手及结构

五、机械手与八角手的刻磨关系

八角手能琢磨出以 8 为基数(简称 8 基)的所有形状的宝石,对应机械手是 64 分度(8×8)。而六角手能琢磨出 6 基的宝石,对应机械手是 48 分度(6×8)。而五角手则琢磨出 5 基的宝石,对应机械手是 40 分度(5×8),如图 7-19 所示。

图 7-19 机械手与八角手的刻磨关系

六、机械手与八角手的刻磨换算关系(图 7-20)

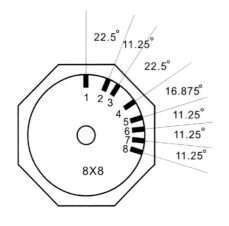

版位 孔位	1	2	3	4	5	6	7	8
1	64	8	16	24	32	40	48	56
2	60	4	12	20	28	36	44	52
3	58	2	10	18	26	34	42	50
4	54	62	6	14	22	30	38	46
5	51	59	3	11	19	27	35	43
6	49	57	1	9	17	25	33	41
7	47	55	63	7	15	23	31	39
8	45	53	61	5	13	21	29	37

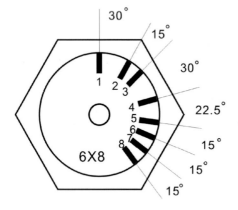

版位 孔位	1	2	3	4	5	6
1	48	8	16	24	32	40
2	44	4	12	20	28	36
3	42	2	10	18	26	34
4	38	46	6	14	22	30
5	35	43	3	11	19	27
6	33	41	1	9	17	25
7	31	39	47	7	15	23
8	29	37	45	5	13	21

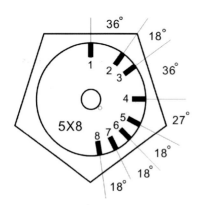

版位 孔位	1	2	3	4	5
1	40	8	16	24	32
2	36	4	12	20	28
3	34	2	10	18	26
4	30	38	6	14	22
5	27	35	3	11	19
6	25	33	1	9	17
7	23	31	37	7	15
8	21	29	39	5	13

图 7-20 机械手与八角手的刻磨换算关系

七、宝石刻磨角度的测量与升降台高度换算（图 7-21、表 7-1）

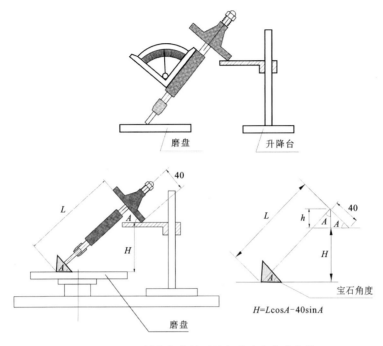

图 7-21 宝石刻磨角度的测量与升降台高度换算

表 7-1 角度与高度换算表

角度 A(°)	长度 L(mm)					
	155	160	165	170	175	180
	高度 H(cm)					
10	145.7	150.6	155.5	160.5	165.4	170.3
15	139.4	144.2	149.0	153.9	158.7	163.5
20	132.0	136.7	141.4	146.1	150.8	155.5
25	123.6	128.1	132.6	137.2	141.7	146.2
30	114.2	118.6	122.9	127.2	131.6	135.9
35	104.0	108.1	112.2	116.3	120.4	124.5
40	93.0	96.9	100.7	104.5	108.3	112.2
45	81.3	84.9	88.4	91.9	95.5	99.0
50	69.0	72.2	75.4	78.6	81.8	85.1
55	56.1	59.0	61.9	64.7	67.6	70.5
60	42.9	45.4	47.9	50.4	52.9	55.4

第五节 宝石刻磨实例

一、标准圆钻型（图7-22）

冠部(CROWN)

1孔：1, 2, 3, 4, 5, 6, 7, 8

角度：35°

2孔：1, 2, 3, 4, 5, 6, 7, 8

角度：19°

3孔：1, 2, 3, 4, 5, 6, 7, 8
4孔：1, 2, 3, 4, 5, 6, 7, 8

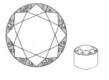

角度：41.3°

标准圆钻冠部
加工视频

亭部(PAVILION)

3孔：1, 2, 3, 4, 5, 6, 7, 8
4孔：1, 2, 3, 4, 5, 6, 7, 8

角度：42°

1孔：1, 2, 3, 4, 5, 6, 7, 8

角度：41°

图7-22 标准圆钻型宝石加工步骤图

二、马眼型（图7-23）

冠部(CROWN)

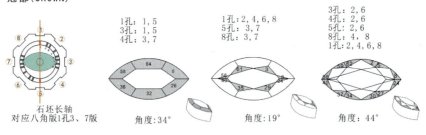

石坯长轴
对应八角版1孔3、7版　　角度：34°　　角度：19°　　角度：44°

亭部(PAVILION)　石坯长轴对应八角版1孔3、7版

3孔：1, 5
4孔：3, 7

6孔：2, 6
7孔：4, 8

1孔：1, 5
8孔：4, 8
5孔：2, 6

7孔：3, 7
6孔：3, 7

角度：39°　　角度：39°　　角度：41°　　角度：42°

图7-23 马眼型宝石加工步骤图

三、蛋（椭圆）型（图 7-24）

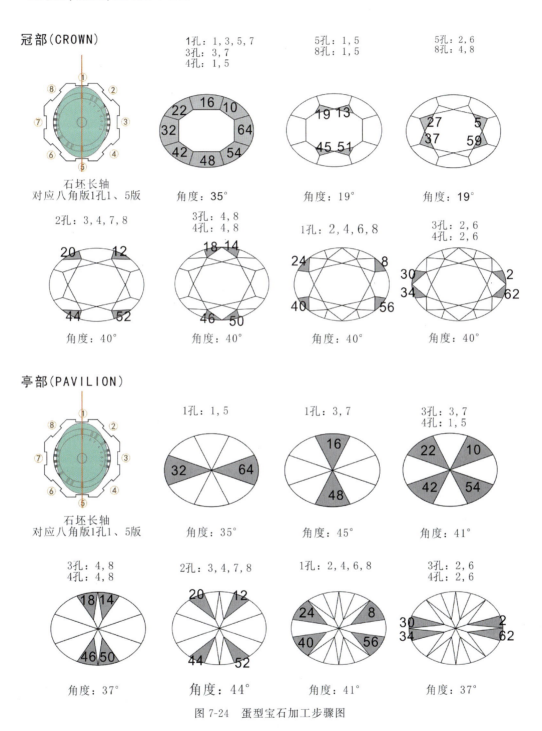

图 7-24 蛋型宝石加工步骤图

四、心型（图 7-25）

冠部（CROWN）

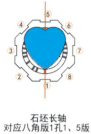
石坯长轴
对应八角版1孔1、5版

35° 6孔：2
35° 7孔：4
33° 2孔：1,3,4,5,6,7,8
角度基本固定

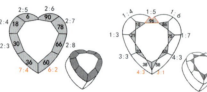

21° 1孔：3,4,5,6,7
25° 3孔：1,3
25° 3孔：1,3
角度仅供参考

3孔：4,5,6,7,8,1
4孔：3,4,5,6,7,8
5孔：4　6孔：4
7孔：2　8孔：2
参考41°～44°

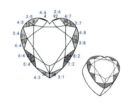

亭部（PAVILION）

41° 2孔：3,5,6,8
41° 1孔：2,8
38° 2孔：4,7

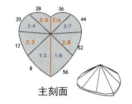
主刻面

3孔：4,5,6,7,8,1
参考39°～42°

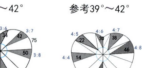

4孔：3,4,5,6,7,8
参考39°～42°

5孔：4　7孔：2
6孔：4　8孔：2
参考42°

下腰面的角度是以主刻面为参考：比主刻面约小0.4°～1°

图 7-25　心型宝石加工步骤图

五、祖母绿型（图 7-26）

冠部加工步骤

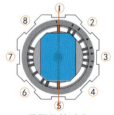
石坯长轴对应
1孔1、5版

四边41°　1孔：1,3,5,7
倒角38°　1孔：2,4,6,8

四边26°　1孔：1,3,5,7
倒角23°　1孔：2,4,6,8

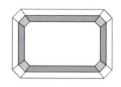

亭部加工步骤

四边50°　1孔：1,3,5,7
倒角45°　1孔：2,4,6,8

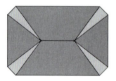

四边40°　1孔：1,3,5,7
倒角35°　1孔：2,4,6,8

四边32°　1孔：1,3,5,7
倒角参考28°　1孔：2,4,6,8

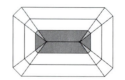

图 7-26　祖母绿型宝石加工步骤图

六、公主方型(图 7-27)

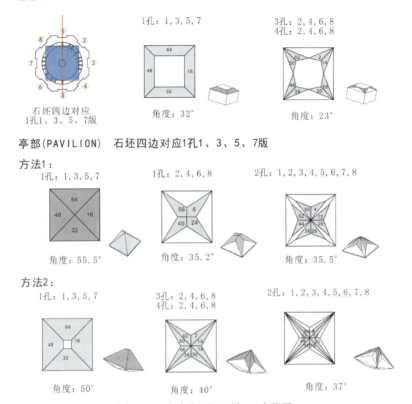

图 7-27 公主方型宝石加工步骤图

七、梨(水滴)型(图 7-28)

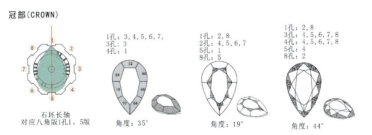
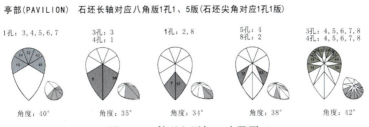

图 7-28 梨型宝石加工步骤图

第六节　宝石加工中的辅助材料

一、水在宝石加工中的作用

(1)在刻磨宝石时,要有足够的水分冷却宝石以防止宝石坯料发热引起裂纹。
(2)在刻磨宝石时,要有足够的水分冷却宝石以防止宝石坯料发热引起胶体软化。
(3)冲走刻磨过程中留下的粉末。

二、砂纸在宝石加工中的作用

(1)把抛光粉压入盘的基体里。
(2)修盘。
(3)把盘中的粉调平衡。
(4)把多余的抛光粉和抛光时的残留物刮走。

三、抛光油在宝石加工中的作用

(1)调和抛光粉。
(2)起润滑作用,保护抛光盘。
(3)使抛光粉均匀地分布在抛光盘上。

四、卫生纸在宝石加工中的作用

(1)擦干净抛光盘中多余的油。
(2)擦除漂浮在抛光盘表面的抛光粉。
(3)压抛光粉固定在抛光盘机体里面成为固定摩擦抛光。

第七节　千禧工宝石的刻磨

　　千禧工宝石款式也叫凹面型宝石款式,它是刻面型宝石款式加工方法中延伸出来的一种加工方法,两者区别在于:刻面型宝石款式的加工是采用含金刚石粉平面磨盘,抛光时采用锌合金硬质抛光棒配合金刚石粉抛光,加工出来的是一个个内凹面的弧形小面。
　　千禧工宝石款式由于加工的是一个个弧形小面,可以聚敛反射的光线,使得从宝石内部反射的光线和火彩都比刻面型宝石款式的要强。转动宝石,流光溢彩、璀璨夺目,十分惹人喜爱,成为当今宝石中最为流行的宝石款式。

一、千禧工宝石加工设备(图 7-29)

图 7-29　千禧工宝石加工设备

二、千禧工宝石的加工工艺

1. 切料、定型

根据生产要求,先用切料机切出三角形的料,并在半自动圈形机上定型生产出要求尺寸大小的毛坯料。

2. 粘石

将包有宝石粘胶的宝石粘杆放在酒精灯下加热,使宝石粘胶烤热溶化变软,再将宝石毛坯料粘于粘杆上。粘杆上胶体大小可根据宝石款式大小而定,宝石坯料大,胶体取大些;宝石坯料小,胶体取小些。

宝石粘于粘杆上后,要检查是否出现歪斜、宝石中心线与粘杆中心线是否重合或胶体太多等现象。出现问题,应当及时纠正。

3. 宝石刻磨及抛光

宝石上杆完成后插入机械手中,为了加快成品的刻磨效率,可在普通宝石机上按圆钻形冠部的刻面加工规律,用 320# 粗砂盘磨出平面型小翻面。在凹面机钻夹头上安装 800# 金刚石粉棒,启动主机和微型电机按圆形刻磨规律,在凹面机上刻磨出一个个内凹弧面型小面来,加工时注意用海绵沾水冷却,以防宝石加工时受热爆裂。

刻磨工序完成后,换上锌合金抛光棒,配合钻石抛光粉,重复一次刻磨工序,即可完成冠部的抛光。

宝石冠部刻磨和抛光完成后,即可将宝石从粘杆上取出,并反转粘于粘杆上,进行亭部的刻磨和抛光。

三、千禧工宝石加工设备的关键技术问题

千禧工宝石款式加工在工艺上需要有熟练的技能,同时在设备性能要求上也较高,其关

键技术问题在于以下几点。

(1) 加工电机采用二级变速,针对不同大小宝石,使用不同速度加工。磨小宝石时用低速挡,磨大宝石时用高速挡,电机转速控制在 5000～6000r/min 最佳,此时抛光的宝石光亮度好、效率快。

(2) 微型电机的转速控制在每分钟 20 转,以保证刻磨和抛光的精度和效率。微型电机主要带动微型工作台往复运动,转速太快,会使微型工作台跳动利害,影响刻磨和抛光精度,太慢则影响工作效率。

(3) 宝石刻磨时,必须放在卡位上进行,卡位把宝石控制在圆棒轴线上,保持磨出的刻面大小均匀。因为圆棒直径小,如果出现移位,将造成刻面凹面精度下降,磨出的刻面大小不均匀。

(4) 微型工作台运动的中心线,必须与主轴中心线平行,否则刻磨出来的凹面出现歪斜或变形现象。

千禧工宝石款式如果加工方法不同,将会出现不同的千禧工款式;有宝石冠部和亭部都是弧面型加工的千禧工;也有冠部是刻面型宝石加工的一个个小平面,亭部为弧面型加工的千禧工。款式千变万化,如星形、放射形、菊花形、螺旋形等,显得既时尚,又深邃,加上宝石的流光溢彩,深受消费者喜好。

第八节　工厂生产实例

一、单粒宝石加工

二、机械式单粒宝石自动加工

三、数控全自动多粒宝石加工

数控单粒宝石加工视频

工厂手工单粒宝石加工视频

全自动宝石加工视频

📖 课后思考题

1. 简述硬质宝石材料磨削机理。
2. 刻面宝石磨削工艺因素有哪些?具体内容是什么?
3. 刻面宝石抛光的工艺因素有哪些?具体内容是什么?
4. 刻面宝石加工过程中,如何选择研磨盘和抛光盘?
5. 固定磨料磨削与散粒磨料磨削有什么区别?
6. 试述刻面宝石粗磨、精磨工艺过程。刻面宝石加工一定要经过粗磨工序吗?
7. 试述刻面宝石粗抛光、精抛光工艺过程,在刻面宝石加工中如何实现?
8. 描述刻面宝石单粒生产与自动化大批量生产工艺有什么区别?单粒生产与自动化大批量生产如何应用?

第八章 弧面型、珠型宝石的加工

技能要求

【初级工】1.弧面宝石品种及分类;2.常见弧面型宝石的侧面形状;3.珠型宝石钻孔设备及超声波打孔设备。

【中级工】1.珠型宝石常见的品种及加工方法;2.弧面型宝石的加工方法及技能;3.珠型宝石钻孔和打孔工艺及相关技能。

【高级工】1.多针头打孔工艺及技能;2.珠型宝石内孔抛光工艺及技能。

第一节 弧面型宝石的品种

弧面型、珠型宝石是指主要由弧面组成的宝石成品,市场上也叫凸面型或素面型宝石。素面型宝石都是用半透明至不透明的宝石材料加工而成,素面型宝石加工的特点能充分展示出宝石表面的光泽和特殊光学效应。

一、弧面(凸面)型宝石的品种及分类

1.根据腰棱形状和截面形状分类(图8-1)

2.按侧面形状分类

(1)单凸面可分为高凸面、中凸面、低凸面。
(2)双凸面可分为高凸面、中凸面、低凸面。
产品保重常采用高凸型,中低档宝石材料常采用中凸型,需要反映材料透明度及颜色常采用低凸型及空心型,如图8-2所示。

二、常见珠型宝石款式

珠型宝石也分刻面型和素面型,如图8-3所示。

图 8-1 常见凸面型宝石

图 8-2 凸面型宝石侧面形状

（1）刻面椭圆珠

（2）刻面圆球珠

（3）车轮珠

（4）素面腰鼓珠

（5）刻面桶形滴水珠

（6）圆球素面珠

（7）异型素面宝石款式

图 8-3　珠型宝石款式

第二节　弧面型宝石的加工

一、弧面型宝石加工工艺

1. 单粒弧面宝石加工工艺流程

单粒弧面宝石加工视频

单粒弧面宝石加工工艺主要流程为切石—冲坯—磨底—粘石—研磨围型—精磨—抛光—脱石—清洗（图 8-4）。

图 8-4　单粒弧面宝石加工工艺流程

2.弧面型宝石加工原理（图 8-5）

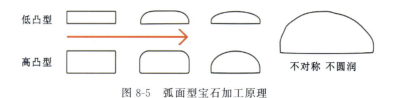

图 8-5　弧面型宝石加工原理

二、大批量弧面型宝石加工工艺流程

大批量弧面型宝石加工工艺主要流程为切石—围型—磨尖头—振动抛光—清洗。

三、工厂珠型宝石加工工艺

四、珠型宝石内孔加工设备

珠型宝石加工视频

1.超声波打孔机

超声波打孔机分单针头与多针头两种机型，它们的结构是一样的，不同之处是单针头超声波打孔机功率比多针头超声波打孔机小，变幅杆可以焊接多个钢针，一次性可以打多粒宝石孔。超声波打孔机的工作原理：超声波发生器产生超声电波，通过线圈带动磁铁振动，在换能器作用下产生超声频电振动波，通过变幅插将振幅放大到 0.01～0.15mm，并传给针头作超声振动，使针头以每秒钟 16 000 次以上对加工材料进行打击。在金刚砂和水液合的加工悬浮液配合下，加工区域的材料受到撞击粉碎成很细微粒，悬浮液把撞击粉碎的微粒冲走并补充新的金刚砂进去，直到完成打孔工作。

单针头超声波打孔原理图和单针头超声波打孔机如图 8-6 所示。

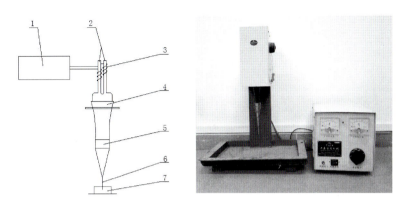

图 8-6　单针头超声波打孔原理图和单针头超声波打孔机
1.超声波发生器；2.磁铁；3.线圈；4.换能器；5.变幅杆；6.钢针；7.宝石材料

2.高速钻床

钻床结构由电动机、皮带及皮带轮钻孔装置、主轴、钻头夹具机架等组成。其工作原理：装在机架上的电动机，电动机轴头上安装有调速塔轮，通过皮带转动带动主轴上的塔轮转动，在钻头夹具上安装金刚石钻头，通过钻孔装置的上下移动和主轴夹具金刚石钻头的旋转磨削，完成硬质材料宝石钻孔。

高速钻床原理图及钻床如图 8-7 所示。

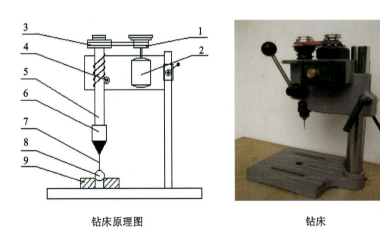

钻床原理图　　　　　　　　钻床
图 8-7　钻床原理图和钻床
1.电动机；2.皮带；3.带轮；4.钻孔装置；5.主轴；6.钻头夹具；7.钻头；8.珠型宝石；9.夹具

第三节　珠型宝石内孔抛光技术

一、内孔抛光机理

宝石经过打孔后,特别是透明、半透明的珠型宝石,孔的粗糙纹理很清晰,影响手链或项链的美观程度,所以要对内孔进行抛光。内孔抛光的目的是去除打孔时产生的凹凸层和裂纹层,得到符合要求的表面光洁度。第一阶段去除宝石孔内的凹凸层。第二阶段去除裂纹层。内孔抛光时,金刚粉及抛光液被波纹铜丝推挤,一部分磨粒被挤压到波纹铜丝的凹陷处,另一部分处于孔表面的大量游离磨粒在波纹铜丝相对于宝石内孔运动时被推拉、震动、推滚,与孔表面凹凸层顶锋相碰撞,但由于波纹铜丝质软,工作时处于弹性浮动状态,因而切屑作用较微弱,只在被加工表面留下较浅的划痕,所以抛光时间较长。随着震动、推拉作用,磨粒在波纹铜丝越来越多,致使波纹铜丝具有一定的微切屑作用,这时抛光进行比较迅速,孔表面光洁度得到很快提高。

二、内孔抛光设备、工具及抛光工艺

(1)震动抛光机。
(2)波纹铜丝。
(3)抛光工艺。

把珠用波纹铜丝串起来,5～10粒一串,铜丝两端扣死,不让珠掉下来,放抛光粉在震动抛光机料斗内,就可以开机抛光了。

课后思考题

1.描述弧面型宝石、珠型宝石的品种及分类。

2.硬质材料的打孔设备有什么要求,硬质材料的钻孔设备有什么要求,二者有什么区别?

3.简述硬质材料的内孔抛光机理。

4.市场上弧面型宝石的侧面形状有多少种?

5.描述单粒弧面型宝石的加工工艺,分析单粒弧面型宝石与大批量生产弧面型宝石加工设备是一样吗?

6.单粒圆珠(单针头)超声波打孔机与多粒圆珠(多针头)超声波打孔机一样吗?

第九章　宝石加工的质量分析

🔖 技能要求

【初级工】1.刻面宝石加工常见的产品缺陷及成因;2.宝石的清洗目的及清洗方法;3.宝石检验常用工具及使用方法。

【中级工】1.刻面宝石加工常见的产品缺陷在生产中如何排除;2.刻面宝石清洗、包装及运输。

【高级工】1.刻面宝石产品的检验方法;2.产品质量等级划分。

第一节　刻面宝石加工常见的产品缺陷及成因

刻面宝石在加工过程中或多或少都会出现产品质量问题,分析产品质量好坏和产生原因,避免在生产过程中出现质量问题,是企业控制成本的方法。

1.崩、裂

崩是指产品有缺口。裂是指内部或外表有裂纹(图9-1)。

崩的主要原因是刻磨和抛光、清洗等环节碰撞硬物引起,裂纹产生的原因是切石没有去除原材料的裂纹,或者切石操作不当引起,刻磨和抛光发热也会产生裂纹。

产品崩烂

产品裂纹

图9-1　产品崩、裂

2.气泡、杂质

气泡和杂质是宝石原材料内部的包裹体,在切割材料时没有切除干净,如图9-2所示。

图9-2　气泡、杂质

3.大蒙

大蒙是产品无光泽,表面一片白雾状,精抛光不好导致表面出现白雾状,如图9-3所示。

图9-3　大蒙

4.蒙

蒙是产品抛光面亮度不够,表面可见暗灰白色,精抛光不好造成,如图9-4所示。

图9-4　蒙

5.轻微蒙

轻微蒙是产品刻面较光亮,无肉眼可见灰白色,但放大镜检查可见灰白色的缺陷称轻微蒙,精抛光不好造成。

6. 铲边

铲边指产品腰线部分或全部被磨去的缺陷,腰线出现刀口状,如图 9-5 所示。

图 9-5　铲边

7. 厚边

厚边(腰厚)指产品腰线超过总高的 2%,如图 9-6 所示。

图 9-6　厚边

8. 砂孔

砂孔是抛光时没有完全去除刻磨宝石时留下的痕迹,如图 9-7 所示。

图 9-7　砂孔

9. 歪尖

产品底尖偏离中心线的现象称歪尖。反石时台面与铁棒不垂直,如图 9-8 所示。

图 9-8　歪尖

10. 台面大小不合格

刻面宝石产品台面应占直径的 58%～60%，刻面宝石产品台面大于直径的 60% 或小于直径的 58% 均为台面大小不合格，如图 9-9 所示。

图 9-9　台面大小不合格

11. 漏光

刻面宝石产品亭部角太小、亭部总高度不合格的缺陷称为漏光。主要原因是亭角小于设计角度，如图 9-10 所示。

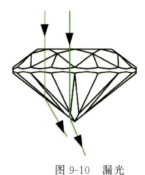

图 9-10　漏光

12. 黑底

刻面宝石产品亭部角太大、亭部过高的缺陷称为黑底。主要原因是亭角大于设计角度，如图 9-11 所示。

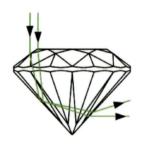

图 9-11　黑底

13. 星离

刻面宝石产品中上星小面之间角与角不相接在一点的现象称星离，如图 9-12 所示。

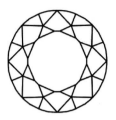

图 9-12　星离

14. 星撞

刻面宝石产品中相邻星刻面之间角与角过度相接的现象称星撞，如图 9-13 所示。

图 9-13　星撞

15. 星腰撞

刻面宝石产品中星小面与上腰小面之间角与角过度相接的现象称星腰撞，如图 9-14 所示。

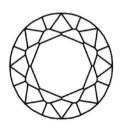 

图 9-14　星腰撞

16. 星腰离

刻面宝石产品中星小面与上腰小面之间角与角不相接的现象称星腰离，如图 9-15 所示。

17. 腰分离

刻面宝石产品中两个上腰小面之间角与角没有相接的现象称为腰分离，如图 9-16 所示。

图 9-15　星腰离

图 9-16　腰分离

18. 腰撞

刻面宝石产品中两个上腰小面之间角与角过度相接的现象称为腰撞，如图 9-17 所示。

图 9-17　腰撞

19. 多刻面

刻面宝石产品中在一个理想刻面出现两个或两个以上刻面的缺陷称为多刻面，如图 9-18 所示。

冠部主刻面多剖面　　　　　　　　　下腰小面多剖面

图 9-18　多刻面

20. 拖板

刻面宝石产品相邻刻面交接部位不起棱角而呈圆弧状的缺陷称为拖板,如图 9-19 所示。

图 9-19 拖板

21. 不收尖

刻面宝石产品无底尖的缺陷称不收尖。一般是石坯高度不够造成,如图 9-20 所示。

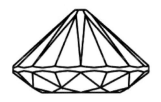

图 9-20 不收尖

22. 收尖不好

刻面宝石产品中亭部主刻面于底尖不交汇成一点的缺陷称收尖不好,如图 9-21 所示。

图 9-21 收尖不好

23. 尺寸不合格

刻面宝石产品中尺寸误差超过设计要求的尺寸称尺寸不合格,如图 9-22 所示。

24. 失圆

圆形宝石成品腰围各向直径不相等,杂形产品形状不标准称失圆。该问题是生产石坯时形状不合格或手工光边操作不规范造成,如图 9-23 所示。

图 9-22 尺寸不合格

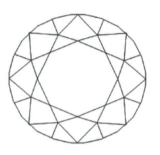
图 9-23 失圆

25. 花尖

刻面宝石产品中底尖有点状小伤痕或底尖附近的棱线上有碰伤的现象称花尖,如图 9-24 所示。

26. 伤石

刻面宝石产品中的刻面有条状划痕的现象称伤石,如图 9-25 所示。

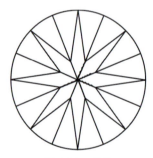
图 9-24 花尖

图 9-25 伤石(灰色部分)

第二节 宝石质量检验

一、宝石质量检验工具

1. 检验宝石专用毛巾

选用吸水性较好的棉制品毛巾,如图9-26所示。

图9-26 检验宝石专用毛巾

2. 宝石镊子

宝石镊子应选用不锈钢材料,带锁扣或者不带锁扣的;镊子尖头部位分有齿带槽或者有齿不带槽。宝石点数常用有齿不带槽镊子,宝石持检常用有齿带槽镊子,如图9-27所示。

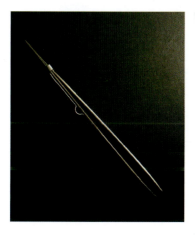

图9-27 宝石镊子

3. 宝石放大镜

宝石加工检验常用折叠式宝石放大镜,放大倍数常选用 5~10 倍,折叠式放大镜焦距固定,操作简单、方便、直观,如图 9-28 所示。

图 9-28　宝石放大镜

4. 卡尺

卡尺用于检验宝石产品尺寸,如图 9-29 所示。

图 9-29　检验宝石卡尺

二、人工宝石质量检验市场分级标准

(一)技术标准

1. 规格尺寸

圆钻形产品的规格以圆的直径计,异形产品以短轴、长轴计,规格尺寸为1~110mm。

2. 尺寸允许偏差(表9-1)

表9-1 尺寸允许偏差

规格尺寸(mm)	AAA	AA	A	B	C	D
1~2	±0.01	±0.02	±0.03	±0.04	±0.05	±0.12
>2~5	±0.02	±0.03	±0.04	±0.05	±0.08	±0.15
>5~25	±0.03	±0.04	±0.05	±0.06	±0.10	±0.18
>25	±0.05	±0.08	±0.10	±0.15	±0.20	±0.20

(二)各级宝石检验标准

1. 市场AAA级宝石检验标准

(1)尺寸准确、光度透,用10倍放大镜检查,刻面表面应无灰白色雾状抛光痕,圆整度好,切工比例:59%≤全深比≤64%、53%≤台宽比≤58%、2%≤腰厚比≤4.5%,板面均匀。

(2)无铲边、歪尖、蒙、砂孔、漏光、黑底、厚边、失圆、不收尖、多板、拖板等缺陷。

(3)对称:无星撞、星离、星腰撞、星腰离、腰撞、腰分离等缺陷。冠部主刻面呈风筝面;收尖优。

2. 市场AA级宝石检验标准

(1)尺寸准确、光度透,用10倍放大镜检查,刻面表面应无灰白色雾状抛光痕,圆整度好,切工比例:59%≤全深比≤64%、53%≤台宽比≤58%、2%≤腰厚比≤4.5%,板面均匀。

(2)无铲边、歪尖、蒙、砂孔、漏光、黑底、厚边、失圆、不收尖、多板、拖板等缺陷。

(3)允许轻微星腰撞、腰撞、腰分离,不允许星腰离;或无星腰撞、星腰离、腰撞、腰分离,允许轻微星撞,不允许星离,冠部主刻面呈风筝面;收尖优。

3. A级宝石检验标准

(1)尺寸准确、光度透,用10倍放大镜检查,刻面表面应无灰白色雾状抛光痕,圆整度好,切工比例:59%≤全深比≤64%、53%≤台宽比≤58%、2%≤腰厚比≤4.5%,板面均匀。

(2)无铲边、歪尖、蒙、砂孔、漏光、黑底、厚边、失圆、不收尖、多板、拖板等缺陷。

(3)允许轻微星腰撞、腰撞、腰分离,不允许星腰离;或无星腰撞、星腰离、腰撞、腰分离,允许轻微星撞,不允许星离,冠部主刻面呈风筝面;收尖优。

4. B 级宝石检验标准

(1)较光亮,允许有轻微蒙、极微小砂孔、极轻微歪尖、较圆整。

(2)不允许有铲边、不收尖、多板、拖板等缺陷较明显。

(3)允许不明显的星撞、星离、星腰撞、星腰离、腰撞、腰分离。

5. 市场 C 级宝石检验标准

(1)蒙、砂孔等缺陷严重。

(2)铲边、歪尖、失圆、多板、拖板等缺陷较明显。

6. D 级宝石检验标准

(1)蒙、砂孔等缺陷严重

(2)铲边、歪尖、失圆、多板等缺陷较严重,有不收尖或多板现象。

7. E 级宝石检验标准

指有崩、裂、烂或杂质、气泡或大蒙等,以及 D 级最严重者,也称为废石。

三、市场分级方法

目前广西梧州市场上的宝石分级一般采用以下方法(特殊要求例外)。

AAA 货:AAA 级。

A 货:A 级、AA 级、AAA 级。

AB 货:A、B 级各占 50%。

统上货:A、B 级占 80%,C 级占 20%。

统下货:A 级占 10%,B、C 级占 90%。

BC 货:B、C 级。

次石:D 级。

废石:E 级。

第三节 宝石清洗

宝石加工完成后,要求对宝石表面油污及残留宝石胶进行清洗,清洗方法很多,设计清洗液配方时,应使清洗液能够除去黏附在工件表面的黏结剂及其他污物。

常用的清洗方法如下文所述。

1. 碱液清洗法

纯碱和水按 1∶10 的比例调配,并加热到 100℃,把加工宝石成品放在不锈钢篮子里,然后放入纯碱水里煮 10min,便可以清洗干净。

2. 酒精清洗法

把宝石成品装在陶瓷容器、塑料容器或玻璃容器里,然后倒入酒精以浸泡过宝石表面为宜,直至到宝石胶脱落。

3. 天那水清洗法

用陶碗放进待清洗的宝石,倒入天那水浸过宝石,10~15min 后用清水冲洗干净。

课后思考题

1. 如何区别合格的宝石成品、次品宝石?
2. 讲述宝石清洗目的和清洗方法。
3. 讲述宝石检验分级原理及方法。
4. 宝石质量检验工具的要求。

附录1 中国技能大赛全国宝石琢磨百花工匠职业技能竞赛试题及答案

2019中国技能大赛第二届全国宝石琢磨百花工匠职业技能竞赛选拔赛理论试题（一）

一、按国家标准画（Φ60mm）标准圆钻三视图（备注：另提供A4纸画图）（50分）

二、选择题（每小题1分，共40分）

1. 宝石加工选用放大镜的倍数是（　　）。
   A. 20倍　　　　　　B. 10倍　　　　　　C. 5倍　　　　　　D. 3倍
2. 切工完美的星光宝石中，星线交点位置（　　）。
   A. 占据弧面型宝石的最高点　　　　　B. 根据包裹体方向而定
   C. 占据刻面宝石型宝石的台面中心　　D. 与完美程度无关
3. 具有星光效应的红、蓝宝石材料如何定向设计？（　　）
   A. 弧面型宝石的底面与晶体C轴平行
   B. 弧面型宝石的底面与晶体C轴斜交
   C. 弧面型宝石的底面与晶体C轴垂直
   D. 以上都是
4. 锆石是双折射率为＿＿＿＿，加工设计时应使台面＿＿＿＿。（　　）
   A. 0.39，∥C轴　　　　　　　　　B. 0.39，⊥C轴
   C. 0.039，∥C轴　　　　　　　　 D. 0.039，⊥C轴
5. 具有猫眼、星光或月光效应的宝石材料应选用哪种琢型为宜？（　　）。
   A. 双凸面型　　B. 凹凸面型　　C. 中—低凸面型　　D. 中—高凸面型
6. 刻面型宝石磨削工序中翻转上杆粘接要领（　　）。
   A. 轴线重合　　B. 形状规则　　C. 仿制脱落　　D. 保证工序
7. 光泽最强的是（　　）。
   A. 金属光泽　　B. 半金属光泽　　C. 金刚光泽　　D. 玻璃光泽
8. 钻式琢磨型的设计思想（　　）。
   A. 表现钻石的硬度　　　　　　B. 表现出钻石的"火彩"和"亮度"

C. 表现钻石的颜色　　　　　　　　　D. 表现钻石的重量

9. 标准圆钻型琢型中底小面的设计是为了（　　）。

A. 提高钻石的亮度　　　　　　　　　B. 避免底尖磕碰损坏

C. 提高钻石琢型的对称性　　　　　　D. 避免钻石亭部漏光

10. 下列琢型中属于花式琢型的是（　　）。

A.　　　　　　　　　　　　　　　　B.

C.　　　　　　　　　　　　　　　　D.

11. 刻面型中玫瑰式主要是显示（　　）。

A. 宝石的"火彩"　　　　　　　　　　B. 宝石的亮度

C. 宝石的颜色　　　　　　　　　　　D. 宝石加工的几何形状

12. 游标卡尺的测量范围是（　　）

A. 0～2000mm　　B. 0～200mm　　C. 0～1000mm　　D. 0～100cm

13. 宝石加工使用游标卡尺的精度为 0.02（　　）。

A. mm　　　　　B. cm　　　　　C. dm　　　　　D. μm

14. 国内不常用的磨具有（　　）。

A. 碳化硼磨具　　B. 碳化硅磨具　　C. 金刚石磨具　　D. 刚玉磨具

15. 用特殊的结合剂将硬质磨料固结在一起而制成的琢磨工具是（　　）。

A. 固着磨料磨具　B. 游离磨料磨具　C. A 和 B 两种　　D. 两者都不是

16. 金刚石磨盘的直径主要有 150mm 和（　　）两种。

A. 100mm　　　　B. 200mm　　　　C. 250mm　　　　D. 300mm

17. 以下属于金刚石砂轮的优点是（　　）。

A. 切磨效率高　　B. 磨损小　　　　C. 加工精度高　　D. 以上都是

18. 以下属于碳化硅磨具的优点是（　　）。

A. 硬度高　　　　B. 价格低　　　　C. 种类全　　　　D. 以上都是

19. "目"或"号"是指磨料的粉末未能通过每平方（　　）有多少筛孔的筛子而不能通过下一级筛子。

A. 毫米　　　　　B. 厘米　　　　　C. 分米　　　　　D. 米

20. 宝石的（　　）是素面型宝石坯上杆粘接的部位。

A. 腰部　　　　　B. 整个毛坯　　　C. 冠部　　　　　D. 亭部

21. 粗磨工艺一般选择（　　）磨料。

A.3200♯以上　　　B.800♯～1200♯　　　C.400♯～800♯　　　D.180♯～280♯

22.细磨工艺一般选择（　　）磨料。

A．3200♯以上　　　B.800♯～1200♯　　　C.400♯～800♯　　　D.180♯～280♯

23.磨料粒度为400♯～800♯，一般是（　　）工艺选择。

A.抛光　　　　　　B.细磨　　　　　　　C.粗磨　　　　　　　D.精磨

24.抛光硬盘可以对（　　）进行抛光。

A.刻面宝石　　　　B.弧面宝石　　　　　C.弧面玉石　　　　　D.珍珠

25.硬度5的宝石需要选作（　　）抛光盘进行抛光。

A.中硬盘　　　　　B.软盘　　　　　　　C.皮毛　　　　　　　D.硬盘

26.软质抛光工具不可以用于抛光（　　）。

A.球面　　　　　　B.弧面　　　　　　　C.其他异形表面　　　D.刻面

27.在以下抛光剂中，不溶于水的是（　　）。

A.钻石粉　　　　　B.氧化铝　　　　　　C.氧化铬　　　　　　D.以上都是

28.以下属于常用粘杆材料的是（　　）。

A.铁杆　　　　　　B.玻璃　　　　　　　C.塑料　　　　　　　D.木杆

29.下列容器能盛装抛光剂的有（　　）。

A.密封的容器　　　B.烧杯　　　　　　　C.试管　　　　　　　D.坩埚

30.目前使用的较广泛的抛光剂是（　　）。

A.钻石粉　　　　　B.金属氧化物　　　　C.A和B　　　　　　D.二者都不是

31.宝石加工中使用的磨料都有硬度要求，一般要求磨料的硬度（　　）被加工的宝石材料的硬度。

A.低于　　　　　　B.不低于　　　　　　C.可低于或高于　　　D.等于

32.以下属于碳化硅磨具常用结合剂的是（　　）。

A.陶瓷结合剂　　　B.树脂结合剂　　　　C.橡胶结合剂　　　　D.以上都是

33.下列不能为中硬质抛光工具的材料是（　　）。

A.木头　　　　　　B.塑料　　　　　　　C.皮革　　　　　　　D.沥青

34.盘磨机根据夹具类型分为机械手和（　　）。

A.八角手　　　B.六角手　　　C.十角手　　　D.四角手

35.切片机是用于切割（　　）宝石

A.任何　　　　　　B.直径较小　　　　　C.微小　　　　　　　D.直径较大

36.依据以下宝石材料的直径判断，需采用开石机的是（　　）。

A.1～5mm　　　　　B.5～10mm　　　　　C.10～15mm　　　　　D.15～20mm

37.以下材料中，需采用宝石切割机的是（　　）。

A.块度较大的合成刚玉　　　　　　　　B.块度较大、质量较好的红宝石

C.块度较小、质量较好的蓝宝石　　　　D.块度较大、质量较好的祖母绿

38.制作热铸锯片，一般选用（　　）钻石粉。

A.50♯～100♯　　　B.100♯～150♯　　　C.150♯～200♯　　　D.200♯～250♯

39. 劈切的方法主要用于（　　）的宝石。
A. 解理发育　　　　B. 玉石　　　　C. 低档宝石　　　　D. 解理不发育

40. 天然宝石的落料应根据（　　）。
A. 原石形状　　　　B. 原石产地　　　　C. 成品规格　　　　D. 宝石品种

三、判断题（每小题 1 分，共 10 分）

1. 刻面宝石采纳的台面比例是宽度的 55%。　　　　（　　）
2. 宝石琢磨仅使用固着磨料琢磨的磨具。　　　　（　　）
3. 碳化硅磨具属于国内常用的磨具。　　　　（　　）
4. 宝石开料前要对宝石原石的外形、内部质量、颜色、透明度和特殊光学效应进行检测。
　　　　（　　）
5. 合成立方氧化锆不适宜使用圈型模板画出宝石形状。　　　　（　　）
6. 上杆工序常用粘杆的形状是凸型的。　　　　（　　）
7. 圆多面型宝石工艺评价包括切磨角度和比例评价、外观评价、对称性和抛光质量评价等多方面的内容。　　　　（　　）
8. 锆石从高型转变为低型时，其折射率、密度、双折射率都降低。　　　　（　　）
9. 比赛完成后必须把工具及辅助材料按指定位置放好。　　　　（　　）
10. 表面抛光质量检验内容主要包括表面抛光纹、刮伤、烧痕、白点等方面的检验。
　　　　（　　）

2019中国技能大赛第二届全国宝石琢磨百花工匠职业技能竞赛选拔赛理论试题(二)

一、按国家制图标准画 Φ60mm 标准圆钻三视图(备注:另提供 A4 纸画图)(50 分)

二、选择题(每小题 1 分,共 40 分)

1. 一般认为刻面宝石的台宽比在( )为宜。
   A. 53%~66%　　B. 53%~63%　　C. 50%~60%　　D. 56%~63%

2. 在宝石的琢型中,异型包括( )和自由型两种。
   A. 梨型　　B. 随型　　C. 弧面型　　D. 橄榄型

3. 普通刻面形宝石采纳的高度比例为( )。
   A. 70%　　B. 65%　　C. 50%　　D. 40%

4. 测量素面型宝石造型尺寸的依据是( )。
   A. 长度比　　B. 高度比　　C. 宽度比　　D. 长度和宽度比

5. 表面抛光质量检验内容主要包括( )等。
   A. 表面是否有抛光纹　　B. 表面是否有刮伤
   C. 表面是否有烧痕　　D. 以上都是

6. 以下不属于表面抛光质量检验内容的是( )。
   A. 抛光纹　　B. 刮伤　　C. 烧痕　　D. 棱线磨损

7. 磨料的选择原则一般从( )方面考虑。
   A. 琢磨效率　　B. 琢磨工艺　　C. 成本　　D. 以上都是

8. 八角手宝石切磨机是由( )构成。
   A. 电机、磨盘、八角手、托盘升降架　　B. 电机、磨盘、托盘升降架
   C. 电机、磨盘、八角手　　D. 磨盘、八角手、托盘升降架

9. 以下属于宝石加工中款式的对称性检验内容的是( )。
   A. 刻面大小检验　　B. 底尖偏心检验　　C. 台面偏移检验　　D. 以上都是

10. 在宝石的琢型中,祖母绿型属于( )的一种。
    A. 刻面型　　B. 珠型　　C. 弧面型　　D. 异型

11. 如果圆明亮型钻石的亭深比小于 40%,则会产生( )。
    A. 黑底效应　　B. 鱼眼效应　　C. 红旗效应　　D. 黑领结效应

12. 刻面宝石采纳的台面比例是宽度的( )。
    A. 50%　　B. 55%　　C. 60%　　D. 80%

13. 宝石加工中,小面大小基本一致的切磨工艺属于( )。
    A. 优等　　B. 良等　　C. 中等　　D. 差等

14. 下列不是刻面型款式的有( )。
    A. 圆钻型　　B. 玫瑰型　　C. 祖母型　　D. 马鞍型

15. 以下不属于宝石对称性检验内容的是( )。
 A. 底尖偏心检验　　 B. 高度比例检验　　 C. 刻面大小检验　　 D. 平行度检验
16. 刻面宝石的瑕疵处理一般放在( )。
 A. 星小面　　 B. 腰部　　 C. 底交　　 D. 下腰小面
17. 在刻面型玫瑰式琢磨型中,最常见的是( )。
 A. 圆形玫瑰式　　　　　　　　　B. 三角玫瑰式
 C. 荷兰玫瑰式　　　　　　　　　D. 安特卫普玫瑰式
18. 宝石加工中款式的对称性检验测量方法( )。
 A. 用放大镜　　 B. 用夹具测量　　 C. 目测　　 D. 显微镜
19. 表面抛光质量检验内容主要包括( )。
 A. 台面抛光质量　　　　　　　　B. 冠部其他刻面抛光质量
 C. 亭部刻面抛光质量　　　　　　D. 以上都是
20. 宝石加工中,小面大小一致对称性很好的切磨工艺属于( )。
 A. 优等　　 B. 良等　　 C. 中等　　 D. 差等
21. 素面型宝石坯上杆粘接的部位是( )。
 A. 整个毛坯　　 B. 腰部　　 C. 亭部　　 D. 冠部
22. 椭圆型刻面型宝石的完整性检验是指成品( )。
 A. 不允许有缺角　　 B. 不允许有凸角　　 C. A 和 B　　 D. 与 A、B 均无关
23. 下列琢型中属于混合琢型的是( )。

A.　　　　　　　　　　　　　　B.

C.　　　　　　　　　　　　　　D.

24. 普通宝石加工采纳的尺寸允差范围( )。
 A. ±0.05mm　　 B. ±0.1mm　　 C. ±0.2mm　　 D. ±0.50mm
25. 圆明亮琢型宝石工艺评价内容包括( )等方面。
 A. 整体外观评价　　　　　　　　B. 比例评价
 C. 对称性和抛光质量评价　　　　D. 以上都是
26. 下类款式不是圆钻型变化而成的是( )。
 A. 橄榄型　　 B. 梨型　　 C. 祖母绿型　　 D. 椭圆型
27. 合成立方氧化锆的硬度较低,因此会导致( )。
 A. 表面光泽较差　　　　　　　　B. 色散(火彩)弱
 C. 透明度差　　　　　　　　　　D. 容易出现棱线磨损和刻面刮伤的现象

28. 宝石加工中款式的完整性检验是指宝石成品（　　）。
   A. 不允许有缺角　　B. 不允许有凸角　　C. A 和 B　　D. 与 A、B 均无关
29. 宝石经常使用的单位是（　　）。
   A. 克　　B. 克拉　　C. 千克　　D. 两
30. 圆刻面型宝石的冠部由（　　）个小面组成。
   A. 58/57　　B. 24/25　　C. 33　　D. 16
31. 具有猫眼效应的宝石在加工时宝石的底面应与针状、管状包裹体所在平面（　　）。
   A. 平行　　B. 垂直　　C. 斜交　　D. 以上均可
32. 测量范围为 0～2000cm 的测量仪器是（　　）。
   A. 千分尺　　B. 游标卡尺　　C. 钻石卡尺　　D. 钢直尺
33. 合成立方氧化锆的色散属于（　　）宝石。
   A. 低色散　　B. 中色散　　C. 高色散　　D. 无色散
34. 在众多抛光剂中，硬度最大、磨削效率高的是（　　）。
   A. 钻石粉　　B. 氧化铝　　C. 氧化铬　　D. 硅藻土
35. 宝石开料前要对宝石原石的外形、内部质量、（　　）、透明度和特殊光学效应进行检测。
   A. 重量　　B. 亮度　　C. 颜色　　D. 光泽
36. 在宝石上有漏抛面，其抛光质量检验为（　　）。
   A. 优　　B. 良　　C. 中　　D. 不合格
37. 透明宝石为了加强其亮度和火彩最好选择（　　）的切工。
   A. 祖母绿型　　B. 剪刀型　　C. 圆钻型　　D. 平板型
38. 以下刻面种类不属于冠部的有（　　）。
   A. 台面　　B. 星小面　　C. 风筝面　　D. 下腰小面
39. 软质抛光工具可以用于抛光（　　）。
   A. 球面　　B. 弧面　　C. 其他异形表面　　D. 以上都是
40. 刻面型宝石磨削工序中翻转上杆粘接要领（　　）。
   A. 仿制脱落　　B. 轴线重合　　C. 保证工序　　D. 形状规则

三、判断题（每小题 1 分，共 10 分）
1. 宝石加工中款式的对称性检验测量方法是用游标卡尺测量。（　）
2. 常用粘杆的材料是玻璃。（　）
3. 普通宝石加工采纳的尺寸允差范围±0.1mm。（　）
4. 造型工序的原则是美观。（　）
5. 开机前必须检查设备用水用电是否安全，并按规定穿戴好劳动保护用具。（　）
6. 宝石加工中最常用的粘结剂是黑火漆胶。（　）
7. 所有宝石的圈型都需要使用圈型模板。（　）
8. 不透明宝石常加工成刻面型。（　）
9. 人造金刚石磨料具天然金刚石的主要性能，但脆性大。（　）
10. 净度是所有宝石中最重要的评价依据。（　）

2019中国技能大赛第二届全国宝石琢磨百花工匠职业技能竞赛决赛理论试题(一)

一、按国家制图标准画(60mm×80mm)椭圆二视图(冠部视图、亭部视图)(50分)

二、选择题(每小题1分,共40分)

1. 在宝石的琢型中,球形、圆柱形和腰鼓形等属于( )的一种。
   A. 刻面型　　　　B. 珠型　　　　C. 弧面型　　　　D. 异型

2. 星光红宝石和蓝宝石通常采用( ),因为这样既可以有效的显示星光效应,又可以保重。
   A. 高凸型　　　　B. 中凸型　　　　C. 低凸型　　　　D. 双凸型

3. 宝石的琢型为截角的长方形,并具有一些阶梯状小面,底部终止于一个斧形尖底,这种琢型属于刻面型中的( )。
   A. 玫瑰型　　　　B. 祖母绿型　　　　C. 圆多面型　　　　D. 交叉型

4. 现代圆钻式琢磨型的设计思想( )。
   A. 表现钻石的硬度　　　　B. 表现出钻石的"火彩"和"灿光"
   C. 表现钻石的颜色　　　　D. 表现钻石的重量

5. 对热敏感的宝石常用( )粘接剂。
   A. 白胶　　　　B. 混合热胶　　　　C. 502配剂　　　　D. 木胶

6. ( )不属于机器造型的优点。
   A. 能根据原石形状造型　　　　B. 形状规范
   C. 工作效率高　　　　D. 尺寸正确

7. 钻石的亭部不漏光,是与光线在亭部发生( )有关。
   A. 折射　　　　B. 反射　　　　C. 全反射　　　　D. 漫反射

8. 以下不是确定琢型角度和比例的方法为( )。
   A. 估算法　　　　B. 类推法　　　　C. 查表法　　　　D. 测量法

9. 人工宝石根据成因类型主要分为( )。
   A. 合成宝石、人造宝石、拼合宝石和再造宝石
   B. 天然玉石、人造宝石、拼合宝石和再造宝石
   C. 天然宝石、有机宝石、拼合宝石和人造宝石
   D. 合成宝石、天然宝石、有机宝石和再造宝石

10. 为了充分体现宝石的体色、亮度、火彩和闪耀程度等光学效应,一般应采用下列( )。
    A. 圆多面型　　　　B. 珠型　　　　C. 弧面型　　　　D. 异型

11. 以下关于水冷的效果不正确的是( )。
    A. 冷却效果比柴油好　　　　B. 冷却效果比柴油差
    C. 润滑效果比柴油差　　　　D. 降温作用比柴油好

12. 以下关于宝石对称性检验正确的说法是( )。

A. 进行宝石对称性检验时,我们必须用 10 倍放大镜来检验
B. 宝石加工中款式的对称性检验,我们不需要借助其他工具,只用目测即可
C. 宝石加工中款式的对称性检验测量方法用显微镜观测最好
D. 为了准确,对宝石对称性进行检验时,我们要用游标卡尺测量

13. 宝石加工选用放大镜一般是(　　)。
   A. 单片镜　　　　　B. 双片镜　　　　　C. 三片镜　　　　　D. 以上都是

14. 刻面型中阶梯式琢磨的最主要特点是(　　)。
   A. 具有许多三角形小刻面　　　　B. 具有许多阶梯的小刻面
   C. 具有许多交错的多边形刻面　　D. 具许多小弧面

15. 红、蓝宝石的刻面琢型主面角度是:(　　)
   A. 冠主角 35°,亭主角 41°　　　B. 冠主角 36°,亭主角 41°
   C. 冠主角 37°,亭主角 42°　　　D. 冠主角 38°,亭主角 42°

16. 在宝石的琢型中,工艺师完全按照宝石或玉石的原石形状,只进行简单的磨棱去角,并进行抛光,这种琢型工艺属于(　　)。
   A. 随型　　　　　B. 珠型　　　　　C. 刻面型　　　　　D. 自由型

17. 宝石切磨加工过程分三大工工序,不正确的是(　　)。
   A. 琢磨　　　　　B. 冲洗　　　　　C. 锯切　　　　　D. 抛光

18. 具有变色效应的宝石可以切磨成什么样的琢型?(　　)
   A. 弧面型　　　　　B. 刻面型　　　　　C. 圆珠型　　　　　D. 以上均可

19. 宝石按(　　)可分为高档宝石、中档宝石和低档宝石
   A. 产地和重量　　B. 价值和价格　　C. 产地和价格　　D. 重量和价格

20. 以下(　　)是将同一粒宝石的不同部位切磨成不同的款式。
   A. 阶梯型　　　　　B. 混合型　　　　　C. 玫瑰型　　　　　D. 犁型

21. 圆明亮琢型宝石工艺评价内容包括(　　)等方面。
   A. 整体外观评价　　　　　　B. 比例评价
   C. 对称性和抛光质量评价　　D. 以上都是

22. 如果圆明亮型钻石的亭深过大,则会产生(　　)。
   A. 黑底效应　　B. 鱼眼效应　　C. 红旗效应　　D. 黑领结效应

23. 宝石加工中款式的比例检验测量方法是(　　)。
   A. 用放大镜　　B. 用夹具测量　　C. 目测　　D. 高倍数显微镜

24. 刻磨宝石时对主刻面与星刻面所施加的压力对比(　　)。
   A. 主刻面＞星刻面　B. 主刻面＜星刻面　C. 无法确定　D. 相同

25. 椭圆型刻面宝石工艺评价内容包括(　　)等方面。
   A. 整体外观评价　　　　　　B. 比例评价
   C. 对称性和抛光质量评价　　D. 以上都是

26. 在众多抛光剂中,硬度最大、磨削效率高的是(　　)。
   A. 钻石粉　　　　B. 氧化铝　　　　C. 氧化铬　　　　D. 硅藻土

27. 砂纸中( )号最细。
A. 1200# B. 800# C. 400# D. 200#

28. 宝石质量的主要缺陷有:尖点不齐、( )。
A. 台面偏心 B. 尖点偏心 C. 额外刻面 D. 以上都是

29. 以下粘结剂中流动温度高,黏附性较差的是( )。
A. 虫胶 B. 松香 C. 红火漆胶 D. 木胶

30. 切磨刻面型宝石冠部的顺序一般是( )。
A. 台面—冠部主小面—星小面—上腰小面
B. 台面—冠部主小面—上腰小面—星小面
C. 冠部主小面—台面—星小面—上腰小面
D. 上腰小面—台面—星小面—冠部主小面

31. 以下关于圆多面型宝石工艺评价内容说法正确的是( )。
A. 圆多面型宝石工艺评价包括切磨角度和比例评价、外观评价、对称性和抛光质量评价等多方面的内容
B. 圆多面型宝石工艺评价主要就是切磨角度和比例评价
C. 圆多面型宝石工艺评价仅包括对称性和抛光质量
D. 圆多面型宝石工艺评价仅指外观评价和对称性评价

32. 以下宝石中适宜选用圈型机进行圈型的有( )。
A. 合成水晶 B. 优质红宝石 C. 优质祖母绿 D. 钻石

33. 一般宝石的抛光机理主要有( )。
A. 微粒磨削作用 B. 热物化作用 C. 化学抛光作用 D. 以上都是

34. 琥珀常用( )粘接剂。
A. 白胶 B. 混合热胶 C. 502配剂 D. 木胶

35. 标准圆钻型底尖偏心是( )原因造成的。
A. 反石时宝石中心线与铁棒中心线不对齐
B. 刻磨时操作不当造成
C. A 和 B
D. 刻面大小不一致

36. 刻面宝石加工精磨应选下列( )磨盘。
A. 320# B. 800# C. 1200# D. 180#

37. 在弧面型宝石中,弧面的高度与底面宽度之比在1:3～1:5之间,这种弧面型属于( )。
A. 高凸型 B. 中凸型 C. 低凸型 D. 双凸型

38. 标准圆刻面型宝石的亭部由( )个小面组成。
A. 58 B. 16 C. 33 D. 24/25

39. 千禧工的刻面是( )。
A. 平面型 B. 凹面型 C. 凸面型 D. 以上都是

40.下列( )是造型工序的原则。
A. 分类　　　　　B. 最大价值　　　　C. 分级　　　　　D. 美观

三、判断题(每小题1分,共10分)

1. 不同种类的抛光剂应分别存放。　　　　　　　　　　　　　　　　　( )
2. 比赛期间如发生火情或不可预测突发事件,要保持镇静,服从现场工作人员指挥,有效撤离。　　　　　　　　　　　　　　　　　　　　　　　　　　　　　　　　　　　　　　　( )
3. 刻面型宝石磨削工序中翻转上杆粘接要领是轴线重合。　　　　　　( )
4. 抛光剂的材料有钻石、氧化铝、氧化铈、氧化铬、氧化铁、硅藻土等。 ( )
5. 对热敏感的宝石常用白胶粘接剂。　　　　　　　　　　　　　　　　( )
6. 亭部同组小面的大小应该均匀一致。　　　　　　　　　　　　　　　( )
7. 钻粉磨盘的切磨效率高,平面度好,切磨的小面外观规整。　　　　　( )
8. 宝石抵抗压入、刻划、研磨的性能称为宝石的硬度。　　　　　　　　( )
9. 磨料的粗细一般用重量表示。　　　　　　　　　　　　　　　　　　( )
10. 细磨工艺一般选择180♯～280♯磨料。　　　　　　　　　　　　　　( )

2019中国技能大赛第二届全国宝石琢磨百花工匠职业技能竞赛决赛理论试题(二)

一、按国家制图标准画 60mm×80mm 椭圆二视图(冠部视图、亭部视图)(50 分)

二、选择题(每小题1分,共40分)

1. 影响宝石光学效果的主要因素不包括(　　)。
   A. 冠部角度　　　　　　　　B. 亭部角度
   C. 台面比例　　　　　　　　D. 腰部厚度

2. 将同一粒宝石的不同部位切磨成不同的款式主要适用于(　　)。
   A. 凹凸型　　　B. 犁型　　　C. 混合型　　　D. 玫瑰型

3. 祖母绿型的冠部与亭部厚度相比一般(　　)。
   A. 可大可小　　B. 相等　　　C. 较厚　　　　D. 较薄

4. 在宝石的琢型中,单凸面型属于(　　)的一种。
   A. 刻面型　　　B. 珠型　　　C. 弧面型　　　D. 异型

5. 在刻面宝石中,最佳的藏瑕部位是(　　)。
   A. 台面与斜刻面交接部位　　　B. 腰棱边缘部位
   C. 亭部近底尖部位　　　　　　D. 以上都是

6. 普通宝石加工采纳的尺寸允差范围(　　)。
   A. ±0.05mm　　B. ±0.1mm　　C. ±0.2mm　　D. ±0.50mm

7. 在众多抛光剂中,硬度最大、磨削效率高的是(　　)。
   A. 钻石粉　　　B. 氧化铝　　C. 氧化铬　　　D. 硅藻土

8. 在弧面型宝石中,弧面的高度与底面宽度之比为1:2左右,这种弧面型属于(　　)。
   A. 高凸型　　　B. 中凸型　　C. 低凸型　　　D. 双凸型

9. 阶梯式琢磨主要是宝石的(　　)
   A. 闪耀　　　　B. 色散　　　C. 重量　　　　D. 色彩

10. 刻面型宝石的优点在于能使宝石显示四种优良的光学效果,即(　　)、火彩、亮度和闪烁。
    A. 透明度　　　B. 清晰度　　C. 体色　　　　D. 光学效应

11. 刻面型宝石中出现最早的一种款式是(　　)。
    A. 凹凸型　　　B. 剪刀型　　C. 玫瑰型　　　D. 祖母绿型

12. (　　)是目前透明宝石普遍采用的加工形式。
    A. 异型　　　　B. 刻面型　　C. 弧面型　　　D. 链珠型

13. 刻面型阶梯式款式一般要求宝石是(　　)。
    A. 无色透明的　B. 不透明的　C. 有色透明的　D. 具特殊光学效应

14. 在各类放大镜中,可以消除像差的是(　　)。
    A. 单片镜和双片镜　　B. 双片镜和三片镜

C. 仅三片镜　　　　　　D. 单片镜、双片镜和三片镜

15. 下类款式不是圆钻型变化而成的是(　　)。
    A. 椭圆型　　　B. 橄榄型　　　C. 梨型　　　D. 祖母绿型

16. 冷却液在工作过程中,对宝石的主要作用是(　　)
    A. 冷却　　　B. 清洗　　　C. 润滑　　　D. 增加抛光盘转速

17. 以下关于宝石刻面大小检验不正确的说法是(　　)
    A. 亭部同组小面的大小应该均匀一致
    B. 冠部同组小面的大小应该均匀一致
    C. 刻面大小检验必须是相同刻面间的检验
    D. 宝石所有刻面都必须大小均匀一致

18. 祖母绿宝石最理想的琢磨是(　　)。
    A. 阶梯式　　　B. 钻石式　　　C. 弧面式　　　D. 异形式

19. 椭圆型刻面宝石工艺评价内容有(　　)。
    A. 切磨角度和比例评价　　　　　B. 外观评价
    C. 对称性和抛光质量评价　　　　D. 以上都是

20. 下列宝石中,韧性最大的为(　　)。
    A. 钻石　　　B. 水晶　　　C. 红宝石　　　D. 软玉

21. 以下属于金刚石粉磨料的特性是(　　)。
    A. 化学稳定性好　　B. 硬度最高　　C. 自锐性较好　　D. 以上都是

22. 磨料粒度为180♯~280♯,一般是(　　)工艺。
    A. 抛光　　　B. 细磨　　　C. 粗磨　　　D. 精磨

23. 以下不属于宝石命名方法的是(　　)。
    A. 以矿物、岩石名称命名　　　　B. 以产地命名
    C. 以颜色命名　　　　　　　　　D. 以质量命名

24. 宝玉石按(　　)可分为高档宝玉石、中档宝玉石和低档宝玉石。
    A. 产地和重量　　B. 价值和价格　　C. 产地和价格　　D. 重量和价格

25. (　　)适合用于水晶、橄榄石等中硬度脆性宝石的抛光。
    A. 钻石粉　　　B. 氧化铝　　　C. 氧化铬　　　D. 氧化铈

26. 从琢磨的效率来看,下列磨料中磨削速度最快的磨料是(　　)。
    A. 金刚石磨料　　B. 碳化硅磨料　　C. 碳化硼磨料　　D. 刚玉磨料

27. 以下宝石是根据矿物、岩石名称命名的是(　　)。
    A. 红宝石　　　B. 尖晶石　　　C. 钻石　　　D. 坦桑石

28. 在以下抛光剂中,属于易污染的是(　　)。
    A. 钻石粉　　　B. 氧化铝　　　C. 氧化铬　　　D. 硅藻土

29. 刻面型宝石中出现最早的一种款式是(　　)。
    A. 凹凸型　　　B. 剪刀型　　　C. 玫瑰型　　　D. 祖母绿型

30. 如果圆明亮型钻石的亭深过大,则会产生(　　)。

A. 黑底效应　　　　B. 鱼眼效应　　　　C. 红旗效应　　　　D. 黑领结效应
31. 合成立方氧化锆的硬度是（　　）。
A. 10　　　　　　　B. 9　　　　　　　　C. 8.5　　　　　　　D. 8
32. 刻面型宝石主要用（　　）进行加工。
A. 轮磨机　　　　　B. 带磨机　　　　　C. 滚磨机　　　　　D. 盘磨机
33. 以下常作为磨料的物质有（　　）。
A. 碳化硅　　　　　B. 碳化硼　　　　　C. 天然金刚石粉　　D. 以上都是
34. 以下宝石不适宜使用宝石圈型模板的是（　　）。
A. 合成宝石　　　　B. 高档宝石　　　　C. 低档宝石　　　　D. 中低档玉石
35. 人工生长的下列宝石，哪种必须在宝石名称前冠以"合成"二字（　　）。
A. 金绿宝石　　　　B. 钛酸锶　　　　　C. 钇铝榴石　　　　D. 以上均是
36. 宝石是指自然界产出的，具有（　　）、稀少、耐久的特性和工艺价值的单矿物晶体。
A. 美观　　　　　　B. 坚硬　　　　　　C. 珍贵　　　　　　D. 名贵
37. 软质抛光工具可以用于抛光（　　）。
A. 球面　　　　　　B. 弧面　　　　　　C. 其他异形表面　　D. 以上都是
38. 下列琢型中属于混合琢型的是（　　）

A.　　　　　　　　　　　　　　　　B.

C.　　　　　　　　　　　　　　　　D.

39. 宝石的光泽与宝石的（　　）有关。
A. 颜色　　　　　　B. 折射率　　　　　C. 密度　　　　　　D. 发光性
40. 玫瑰型款式的底部为一个（　　）。
A. 点　　　　　　　B. 面　　　　　　　C. 线　　　　　　　D. 体

三、判断题（每小题1分，共10分）

1. 表面抛光质量检验内容主要包括表面抛光纹、刮伤、烧痕、白点等方面的检验。（　　）
2. 锆石、翡翠、刚玉、软玉中，脆性最大的是锆石。（　　）
3. 用肉眼观察不到台面有缺陷，其他部位有少量缺陷的可以为合格产品。（　　）
4. 宝石加工中使用的磨料都有硬度要求，一般要求磨料的硬度不低于被加工的宝石材料的硬度。（　　）
5. 冷却液在工作过程中，对宝石和磨具的主要作用是清洗。（　　）
6. 圈型机造型加工效率高，操作方便，加工精度也好。（　　）

7.比赛过程必须严格按照安全操作规程进行,并在规定区域内活动,不得擅自离开。
（　　）
8.素面型宝石坯上杆粘接的部位是整个毛坯。（　　）
9.粘胶用的粘合剂要求粘结力强,热软化点较高,有一定的韧性。（　　）
10.混合型是将同一粒宝石的不同部位切磨成不同的款式。（　　）

参考答案

2019 中国技能大赛第二届全国宝石琢磨百花工匠职业技能竞赛
选拔赛理论试题(一)

一、参考图纸

二、1—5 BAADD   6—10 AABBB   11—15 DAAAA   16—20 BDDBD
21—15 DCBAA   26—30 DDAAC   31—35 BDCAD   36—40 DAAAA

三、1—5 √×√√×   6—10 ×√√√√

2019 中国技能大赛第二届全国宝石琢磨百花工匠职业技能竞赛
选拔赛理论试题(二)

一、参考图纸

二、1—5 ABBDD   6—10 DDADA   11—15 BBADB   16—20 BCCDA
21—15 ACCBD   26—30 CDCBC   31—35 ABCAC   36—40 DCDDB

三、1—5　××√×√　　6—10　√×××√√

2019中国技能大赛第二届全国宝石琢磨百花工匠职业技能竞赛
决赛理论试题(一)

一、参考图纸

二、1—5　BABBC　6—10　ACDAA　11—15　AAABC　16—20　ABABB
21—25　DAAAD　26—30　AADCA　31—35　AADCA　36—40　CADBB
三、1—5　√√√√×　6—10　√√√××

2019中国技能大赛第二届全国宝石琢磨百花工匠职业技能竞赛
决赛理论试题(二)

一、参考图纸

二、1—5　DCDCB　6—10　BABDD　11—15　CBCBD　16—20　ADADD
21—25　DCDBA　26—30　ABCCA　31—35　CDDBA　36—40　ADCBB
三、1—5　√√×√×　6—10　√√×√√

附录2 珠宝玉石的定名规则
（摘自 GB/T 16552 2017《珠宝玉石 名称》）

一、珠宝玉石

1. 定名总则

珠宝玉石的定名应遵守以下规则：

(a) 应按附录 A(指 GB/T 16552—2017《珠宝玉石 名称》附录 A)中的基本名称和本标准中规定的各类定名规则及附录 B(指 GB/T 16552—2017《珠宝玉石 名称》附录 B)的要求进行确定，并在相关质量文件中的显著位置予以标注。

(b) 附录 A 中未列入的其他矿物(岩石)、材料学名称可直接作为珠宝玉石名称。

(c) 珠宝玉石的商贸名称不应单独使用，可在相关质量文件中附注说明"商贸名称：×××"。如山东地方标准中的泰山玉，应定名为蛇纹石，可在相关质量文件中附注说明"商贸名称：泰山玉"。

(d) "珠宝玉石""宝石""玉""玉石"不应作为具体名称定名。

2. 天然珠宝玉石

(1)天然宝石

天然宝石的定名应遵守以下规则：

(a) 直接使用天然宝石基本名称或其矿物名称，不必加"天然"二字。

(b) 产地不应参与定名，如"南非钻石""缅甸蓝宝石"。

(c) 不应使用由两种或两种以上天然宝石名称组合定名某一种宝石，如"红宝石尖晶石""变石蓝宝石"。"变石猫眼"除外。

(d) 不应使用易混淆或含混不清的名称定名，如"蓝晶""绿宝石""半宝石"。

(2)天然玉石

天然玉石的定名应遵守以下规则：

(a) 直接使用天然玉石基本名称或其矿物(岩石)名称，在天然矿物或岩石名称后可附加"玉"字；不必加"天然"二字，"天然玻璃"除外。

(b) 不应使用雕琢形状定名天然玉石。

(c) 附录 A 表 A.2 中列出的带有地名的天然玉石基本名称，不具有产地含义。

(3)天然有机宝石

天然有机宝石的定名应遵守以下规则：

(a) 直接使用天然有机宝石基本名称，不必加"天然"二字，"天然珍珠""天然海水珍珠"

"天然淡水珍珠"除外。

(b)"养殖珍珠"可简称为"珍珠","海水养殖珍珠"可简称为"海水珍珠","淡水养殖珍珠"可简称为"淡水珍珠"。

(c)产地不应参与天然有机宝石定名,如"波罗的海琥珀"。

3.人工宝石

(1)合成宝石

合成宝石的定名应遵守以下规则:

(a)应在对应的天然珠宝玉石基本名称前加"合成"二字。

(b)不应使用生产厂、制造商的名称直接定名,如"查塔姆(Chatham)祖母绿""林德(Linde)祖母绿"。

(c)不应使用易混淆或含糊不清的名称定名,如"鲁宾石""红刚玉""合成品"。

(d)不应使用合成方法直接定名。如"CVD钻石""HPHT钻石"。

(e)再生宝石应在对应的天然珠宝玉石基本名称前加"合成"或"再生"二字。如无色天然水晶表面再生长绿色合成水晶薄层,应定名为"合成水晶"或"再生水晶"。

(2)人造宝石

人造宝石的定名应遵守以下规则:

(a)应在材料名称前加"人造"二字,"玻璃""塑料"除外。

(b)不应使用生产厂、制造商的名称直接定名。

(c)不应使用易混淆或含混不清的名称定名,如"奥地利钻石"。

(d)不应使用生产方法直接定名。

(3)拼合宝石

拼合宝石的定名应遵守以下规则:

(a)应在组成材料名称之后加"拼合石"三字或在其前加"拼合"二字。

(b)可逐层写出组成材料名称,如"蓝宝石、合成蓝宝石拼合石"。

(c)可只写出主要材料名称,如"蓝宝石拼合石"或"拼合蓝宝石"。

(4)再造宝石

应在所组成天然珠宝玉石基本名称前加"再造"二字。如"再造琥珀""再造绿松石"。

二、仿宝石

1.仿宝石定名规则为:

(a)应在所仿的天然珠宝玉石基本名称前加"仿"字。

(b)尽量确定具体珠宝玉石名称,且采用下列表示方式,如"仿水晶(玻璃)"。

(c)确定具体珠宝玉石名称时,应遵循本标准规定的所有定名规则。

(d)"仿宝石"一词不应单独作为珠宝玉石名称。

2.使用"仿某种珠宝玉石"表示珠宝玉石名称时,意味着该珠宝玉石:

(a) 不是所仿的珠宝玉石。如"仿钻石"不是钻石。

(b) 所用的材料有多种可能性。如"仿钻石"可能是玻璃、合成立方氧化锆或水晶等。

三、具特殊光学效应的珠宝玉石

1.具猫眼效应的珠宝玉石

在珠宝玉石基本名称后加"猫眼"二字。只有"金绿宝石猫眼"可直接称为"猫眼"。

2.具星光效应的珠宝玉石

在珠宝玉石基本名称前加"星光"二字。具有星光效应的合成宝石,在所对应天然珠宝玉石基本名称前加"合成星光"四字。

3.具变色效应的珠宝玉石

在珠宝玉石基本名称前加"变色"二字。只有"变色金绿宝石"可直接称为"变石","变色金绿宝石猫眼"可直接称为"变石猫眼"。具有变色效应的合成宝石,在所对应天然珠宝玉石基本名称前加"合成变色"四字,"合成变石""合成变石猫眼"除外。

4.具其他特殊光学效应的珠宝玉石

除星光效应、猫眼效应和变色效应外,其他特殊光学效应不应参与定名,可在相关质量文件中附注说明。

注:砂金效应、晕彩效应、变彩效应等均属于其他特殊光学效应。

四、优化处理

1.优化处理方法及类别

常见优化处理方法及类别见附表1。

附表1 常见优化处理方法及类别

优化处理方法	优化处理类别	备注
热处理	优化	—
漂白	优化	—
激光钻孔	处理	—
漂白、充填	处理	—

附表 1

优化处理方法	优化处理类别	备注
充填	优化	用无色油、蜡充填珠宝玉石。用少量树脂充填珠宝玉石缝隙,轻微改善其外观。祖母绿的此种方法为净度优化,归为优化(应附注说明)
	优化(应附注说明)	用玻璃、人工树脂充填珠宝玉石少量裂隙及空洞,改善其耐久性和外观
	处理	用含 Pb、Bi 等玻璃、人工树脂等固化材料灌注多孔隙及多裂隙珠宝玉石,改变其耐久性和外观
覆膜	优化(应附注说明)	在天然有机宝石表面覆无色膜,改变光泽或起保护作用
	处理	在天然宝石和天然玉石表面覆无色膜;或在珠宝玉石表面覆有色膜,改变其颜色或产生特殊效应
高温高压处理	处理	—
染色处理	处理	玉髓的此种方法归为优化
辐照处理	处理	水晶的此种方法归为优化
扩散处理	处理	—

2.优化处理表示方法

(1)优化

优化的表示方法应符合下述要求:

(a)直接使用珠宝玉石名称,可在相关质量文件中附注说明具体优化方法。

(b)表 1 及附录 B 中标注为"优化(应附注说明)"的方法,应在相关质量文件中附注说明具体优化方法,并描述优化程度。如:"经充填"或"经轻微/中度充填"。

(2)处理

处理的表示方法应符合下述要求:

(a)在珠宝玉石基本名称处注明:

——名称前加具体处理方法,如:扩散蓝宝石,漂白、充填翡翠;

——名称后加括号注明处理方法,如:蓝宝石(扩散)、翡翠(漂白、充填);

——名称后加括号注明"处理"二字,如:蓝宝石(处理)、翡翠(处理);应尽量在相关质量文件中附注说明具体处理方法,如:扩散处理,漂白、充填处理。

(b)不能确定是否经过处理的珠宝玉石,在名称中可不予表示。但应在相关质量文件中附注说明"可能经××处理"或"未能确定是否经××处理"或"××成因未定"。

(c)经多种方法处理或不能确定具体处理方法的珠宝玉石按(a)或(b)进行定名。也可在相关质量文件中附注说明"××经人工处理",如钻石(处理),附注说明"钻石颜色经人工处理"。

(d) 经处理的人工宝石可直接使用人工宝石基本名称定名。

五、珠宝玉石饰品

珠宝玉石饰品按珠宝玉石名称+饰品名称定名。珠宝玉石名称按本标准中各类相对应的定名规则进行定名;饰品名称依据 QB/T 1689 的规定进行定名。如:

——非镶嵌珠宝玉石饰品,可直接以珠宝玉石名称定名,或按照珠宝玉石名称+饰品名称定名。如"翡翠",或"翡翠手镯"。

——由多种珠宝玉石组成的饰品,可以:

• 逐一命名各种材料;如"碧玺""石榴石""水晶手链";

• 以其主要的珠宝玉石名称来定名,在其后加"等"字,可在相关质量文件中附注说明其他珠宝玉石名称。

——天然产出的多组分珠宝玉石材料,特别是天然玉石,应以其主要组分的矿物(岩石)名称,由各自所占比例,按少前多后的原则进行定名;如"角闪石-硬玉"或"含角闪石硬玉"。

——贵金属镶嵌的珠宝玉石饰品,可按照贵金属名称+珠宝玉石名称+饰品名称进行定名。其中贵金属名称依据 GB 11887 的规定进行材料名称和纯度的定名。

——贵金属覆盖层材料镶嵌的珠宝玉石饰品,可按照贵金属覆盖层材料名称+珠宝玉石名称+饰品名称进行定名。其中贵金属覆盖层材料名称按照 QB/T 2997 的规定进行命名。

——其他金属材料镶嵌的珠宝玉石饰品,可按照金属材料名称+珠宝玉石名称+饰品名称进行定名。

主要参考文献

包德清,1995.实用宝石加工工艺学[M].武汉:中国地质大学出版社.
陈炳忠,胡楚雁,2008.梯型人工宝石石坯的快速成型设备及工艺[J].中国宝玉石,73(5):98-99.
陈炳忠,胡楚雁,2008.千禧工宝石款式的加工设备及工艺[J].中国宝玉石,72(4):104-105.
邓燕华,1991.宝玉石矿床[M].北京:北京工业大学出版社.
姜晓平,2008.刻面宝石设计与加工工艺学[M].武汉:中国地质大学出版社.
李娅莉,薛秦芳,李立平,等,2011.宝石学教程[M]武汉:中国地质大学出版社.
刘自强,2011.宝石加工工艺学[M].武汉:中国地质大学出版社.
吕林素,2007.实用宝石加工技术[M].北京:化学工业出版社.
夏旭秀,2010.宝玉石检验实训[M].上海:同济大学出版社.
熊毅,陈炳忠,2011.基于DSP宝石加工机械手控制系统设计与实现[J].组合机床与自动化加工技术(8):56-59.
张蓓莉,2006.系统宝石学[M].北京:地质出版社.
中华人民共和国国家质量监督检验检疫总局,中国国家标准化管理委员会,2017.珠宝玉石 名称:GB/T 16552—2017[S].北京:中国标准出版社.
中华人民共和国国家质量监督检验检疫总局,2002.机械制图 图样画法 图线:GB/T 4457.4-2002[S].北京:中国标准出版社.
周权利,2009.宝石琢型设计及加工工艺学[M].武汉:中国地质大学出版社.